AF368968

MANUEL ÉLÉMENTAIRE D'AGRICULTURE,

A L'USAGE DES ÉLÈVES

DES ÉCOLES PRIMAIRES DES DÉPARTEMENTS DU MIDI.

OUVRAGE COURONNÉ AU CONCOURS OUVERT
PAR LE CONSEIL GÉNÉRAL DES BOUCHES-DU-RHÔNE.

Par D.-F. Quenin,

Docteur-Médecin, Juge de paix du canton d'Orgon,
Membre du Conseil général,
Correspondant de plusieurs Sociétés savantes.

Avignon.

IMPRIMERIE DE JACQUET ET JOUDOU,
Rue Saint-Marc, 18.
1859.

MANUEL ÉLEMENTAIRE

D'AGRICULTURE,

A L'USAGE DES ÉLÈVES

DES ECOLES PRIMAIRES DES DÉPARTEMENTS

DU MIDI.

MANUEL ÉLÉMENTAIRE

D'AGRICULTURE

A L'USAGE DES ÉLÈVES

DES ÉCOLES PRIMAIRES DES DÉPARTEMENTS DU MIDI.

OUVRAGE COURONNÉ AU CONCOURS OUVERT
PAR LE CONSEIL GÉNÉRAL DU DÉP.ᵗ DES BOUCHES-DU-RHÔNE.

Par D.-F. Quenin,

DOCTEUR-MÉDECIN, JUGE DE PAIX DU CANTON D'ORGON,
MEMBRE DU CONSEIL GÉNÉRAL,
CORRESPONDANT DE PLUSIEURS SOCIÉTÉS SAVANTES.

Élevez les enfans dans l'amour du travail
et de la vertu, vous aurez des hommes
probes, laborieux, utiles à la société.

Avignon.

IMPRIMERIE DE JACQUET ET J.-B. JOUDOU,
Rue Saint-Marc, 18.

1839.

Préface.

L'ART de cultiver la terre est d'une date
aussi ancienne que celle du monde. Le
Créateur imposa le travail à l'homme, et
lui en fit une nécessité. A mesure que les
populations commencèrent à s'accroître et
à s'agglomérer, les produits naturels du
sol devinrent insuffisants et il fallut labourer et semer.

Les chefs de ces premières peuplades
s'occupaient eux-mêmes du travail des
champs ; les patriarches furent agriculteurs et pasteurs ; Noé planta la vigne.

Dans un état de civilisation très avancé,
chez les Romains, les hommes du plus
haut mérite quittaient la charrue pour oc-

cuper les premiers postes de l'état , commander les armées. Ils se hâtaient de la reprendre , dès que la patrie n'avait plus besoin de leurs services.

Plus tard, vinrent des siècles de barbarie , pendant lesquels le cultivateur enchaîné à la glèbe fut méprisé , avili par ceux dont il nourrissait l'oisiveté.

De nos jours l'agriculture s'est replacée au rang élevé qu'elle doit occuper. Des hommes qui jouissent de plusieurs genres d'illustration , des souverains même se complaisent dans son étude , suivent ses progrès avec intérêt , et tiennent à honneur de contribuer à son perfectionnement.

En l'état l'agriculture est la profession la plus honorable, la plus indépendante , celle qui donne les jouissances les plus pures , les plus assurées. On peut dire aussi qu'elle est la plus utile ; car non seulement elle nourrit les populations , mais encore elle fournit la majeure partie des matières sur lesquelles s'exercent l'industrie et le commerce.

Tout vient de la terre. Celui qui la cultive avec intelligence, savoir et activité, est assuré d'obtenir, en récompense de son labeur, cette modeste aisance, cette heureuse médiocrité qui sont les éléments de la véritable félicité.

La France est essentiellement agricole. Les trois-quarts de sa population n'ont pas d'autre occupation, d'autre moyen d'existence que la culture des terres. Ils sont intéressés à la bien connaître, et elle ne doit pas rester absolument étrangère aux autres qui en tirent les deux objets les plus indispensables, la nouriture et les vétèments.

PREMIÈRE PARTIE.

Principes Généraux.

CHAPITRE PREMIER.

Influence des astres, de la lumière, de la chaleur, de l'air, de l'eau et des météores sur la végétation.

§ I.

Le soleil, par la chaleur et la lumière qu'il répand, donne l'existence à tous les êtres vivants, végétaux et animaux. C'est lui qui fait germer les graines, croître les plantes, mûrir les fruits.

Sans la chaleur il n'y a point de végétation.

Privés de la lumière, les végétaux s'allongent, blanchissent, *s'étiolent* et finissent par périr.

§ II. La lune passe en beaucoup de pays, dans les croyances populaires, pour avoir une

influence tout aussi puissante. Des cultivateurs
crédules suivent attentivement ses phases,
pour choisir le moment de confier à la terre
les semences de leurs légumes, de planter,
tailler et couper leurs arbres. Cette influence
est purement imaginaire ; en voici une preuve
très concluante : en Languedoc on fait au
croissant de la lune, ce qu'en Provence on
prescrit de ne faire qu'à son déclin ; et dans
l'un et l'autre pays, chacun tient rigoureusement à ces prétendus conseils de l'expérience.

De plus, s'il était reconnu que cet astre eût
quelque action sur la germination et la fructi-
fication, on ne manquerait pas de la mettre
à profit pour le blé, qui en vaudrait bien
la peine. Cependant tout le monde sème et
moissonne, sans faire attention à la lune.

§ III. L'air est indispensable à la végétation.
Les plantes respirent par leurs surfaces, à la
manière des animaux. L'atmosphère le leur
fournit ; elles périssent s'il leur manque, ou
s'il est vicié.

§ IV. L'eau est encore un des principaux
agents de la végétation. C'est pour les plantes
un aliment indispensable ; c'est en outre le vé-

hicule à l'aide duquel les matières végétales et animales pénètrent dans leurs organes, pour servir à leur nutrition.

§ V. Les vents dessèchent les plantes. La gelée les décompose à ses divers degrés, suivant qu'elles sont plus ou moins sensibles. Il en est qui possèdent au plus haut degré, la faculté de lui résister. Une couche épaisse de neige en conserve d'autres.

CHAPITRE II.

Connaissance des Terres.

L'*argile*, le *sable* et la *chaux* sont les bases de toutes les terres; et les différentes proportions de ces éléments constituent les nombreuses variétés de terrein qui existent.

On les nomme argileux, sablonneux ou calcaires, suivant que l'argile, le sable ou la chaux dominent dans leur composition. Il en est encore de granitiques, de schiteux.

Il s'y trouve aussi du *terreau* ou *humus*, résultat de la décomposition des substances végétales et animales, et principe de la fertilité.

Le fer se rencontre dans quelques-unes qu'il colore en rouge ou en brun ; le sel marin sur les côtes et relais de la mer, ainsi que d'autres sels moins communs.

La terre argileuse est grasse au toucher, à l'état humide ; pressée, elle forme une pâte cohérente. En séchant, elle se resserre, durcit et se fendille. L'eau la pénètre difficilement, ainsi que les racines des plantes. Elle est propre au froment, au trèfle, etc.

La terre sablonneuse est légère, friable, et n'a pas de corps. L'eau s'y introduit avec facilité, et s'en échappe de même. Elle convient aux plantes à racines pivotantes, aux arbres, etc.

Enfin la terre calcaire est peu colorée, rude au toucher ; elle absorbe l'eau avec avidité. Le vinaigre ou un autre acide versé dessus s'élève en bouillonnant. Elle est propre à la luzerne, au froment, à la garance, et si elle est mêlée de pierres, à la vigne, à l'olivier.

Le terreau ou *humus* colore en noir ou brun, les sols qu'il enrichit.

On donne le nom de terre végétale, à la superficie cultivée et amendée.

La couche qui repose immédiatement au

dessous est quelquefois d'une nature différente. Elle exerce une influence fàcheuse ,
si c'est une argile impénétrable à l'eau , un
sol ferrugineux , un rocher , un banc de pou-
dingue (gravier pétrifié , mélé avec de la
terre.)

CHAPITRE III.

Nutrition des Plantes.

L'air , l'eau et l'humus sont , comme il vient
d'être dit, les principaux et peut-être les seuls
aliments des plantes.

Par leurs *pores* (ouvertures imperceptibles
placées à la surface des feuilles , et de l'é-
corce nouvelle) elles pompent dans l'atmosphère l'air et l'eau indispensable à leur existence. Les extrémités de leurs racines sont gar-
nies de mamelons ou suçoirs , au moyen desquels elles tirent de la terre les matières
propres à leur nourriture, qui y sont déposées.
Ces matières , parvenues à un certain degré de
décomposition, se dissolvent dans l'eau et pénètrent ainsi dans les plantes. Elles absorbent
aussi par ces canaux , l'humidité que renferme
la terre.

Par les mêmes ouvertures, elles rejètent la partie de l'air qui leur est inutile, et les autres matériaux impropres à entrer dans leur composition.

CHAPITRE IV.

Engrais, Amendements, Ecobuage, Irrigation.

§ I.

On donne le nom d'engrais ou de fumier, à toutes les substances végétales ou animales susceptibles de féconder la terre, de favoriser la végétation, de servir d'aliment aux plantes. Quelques auteurs l'étendent même à diverses substances minérales, le plâtre, la chaux, le sel, la marne, etc.

Les matières végétales et animales sont employées séparément ou ensemble. Leur mélange le plus ordinaire composé de déjections des animaux et de leur litière, forme ce qu'on appelle plus particulièrement fumier.

Toutes les parties de végétaux susceptibles de décomposition, la paille, les joncs, les mauvaises herbes qui croissent le long des

chemins, des fossés, les plantes que rejette
la mer, celles qui croissent dans les marais,
les sommités d'arbustes, les feuilles d'arbres;
toutes ces parties, peuvent être employées à
composer des engrais, soit qu'on les fasse servir de litière, soit qu'on les mêle à des fumiers
déjà faits.

Les matières animales sont les plus riches
en principes fertilisants. Un agriculteur soigneux ne doit pas en laisser perdre la moindre
parcelle. Sang, chair, cornes, sabots, peaux,
laines, plumes, chiffons de laine, rognures
de cuirs, tout est également précieux. Les
cultivateurs habiles de la Belgique, terre clas-
sique de l'agriculture, au lieu de laisser les
cadavres des animaux morts pourrir sur la
terre, et infecter l'air, les ramassent avec
soin, en achètent même, les placent, coupés
par morceaux, dans de grandes fosses, avec
des lits alternatifs de terre ; un an ou deux
après, ils en retirent de quoi fertiliser pour
long-temps de grandes étendues.

Mais ce sont surtout les excrémens des
animaux qui forment la plus grande masse
d'engrais. Mêlés avec la paille qui sert de litière, à peine sont-ils amoncelés, qu'il s'y

développe de la chaleur, une fermentation qu'on doit surveiller, activer ou modérer, suivant les circonstances.

Rien n'est plus rare que de voir des fumiers bien faits, et employés à propos.

Le tas doit être formé à l'abri des vents et du soleil qui le dessèchent, à couvert, s'il est possible, de la pluie qui le lave, et disposé de manière à pouvoir recueillir les eaux qui s'en écoulent. Trop souvent on les laisse perdre. Il faut les joindre aux urines des animaux qui croupissent dans les étables. Rien n'est meilleur que cet engrais liquide, pour fumer les prés.

Employés trop frais, les fumiers ne se décomposent qu'imparfaitement, et à la longue. Leur effet est tardif, incomplet.

Si on les laisse trop faire, ils perdent la plus grande partie de leur efficacité.

Ils varient de qualité, suivant les animaux qui les produisent : ceux de mouton et de bêtes chevalines sont chauds, d'un effet durable, propres aux terres froides et argileuses. Ceux de vache et de cochon sont froids, bons pour les terres légères et chaudes.

Les excréments des hommes et des animaux ont une grande puissance de fertilisation. Ils peuvent servir à bonifier les autres fumiers. Pour les employer seuls, il faut les délayer dans l'eau, ou les réduire en poudre, les répandre également et en petite quantité, sans quoi ils brûleraient les germes des plantes.

On augmente la masse des engrais, en formant ce qu'on appelle des *composts*, mélange de fumier, d'herbes fraîches, de terre franche, auxquels on ajoute des cendres, de la suie, un peu de chaux pour hâter la décomposition ; le tout est arrosé avec de l'eau de fumier, des urines, des lessives légèrement alkalines, ou simplement de l'eau. Il est néccesssaire de démonter et remonter le tas à plusieurs reprises, et de faire ces apprêts long-temps d'avance. Ils sont extrêmement utiles pour fumer les prés.

Quelques cultivateurs sément certaines plantes, dans le seul but de les enterrer, lorsqu'elles sont en pleine floraison, et de fertiliser la terre par ce moyen. Ils choisissent pour cet usage des plantes charnues qui ont beaucoup de feuilles, qui croissent vite et facilement, et dont les semences sont de peu de valeur. La fève et le sarrasin conviennent le mieux à notre terrein et à notre climat. On

sème la première dès la fin de l'hiver , la seconde jusqu'au derniers jours de mai ; on les
enterre dès qu'elles sont en fleur , soit à la bè-
che , soit à la charrue à versoir. Exemple
bon à suivre , et qui donne les moyens de
multiplier presque sans frais les agents de fertilisation , qui sont trop souvent au dessous
des besoins.

La pénurie a fait recourir depuis peu aux
tourteaux de graines oléagineuses , (*la trouille*)
qu'on apporte de fort loin. On les réduit en
poudre , et on les jette en terre , avec la semence , à raison de 10 kilogrammes par are.
L'effet en est prompt et peu durable. L'emploi de cet engrais ne peut être repété trop
souvent , sans danger.

Le noir animalisé , et une infinité d'autres
substances simples ou composées , préconi-
sées sous divers noms , s'emploient de même , avec des résultats variables.

La chaux et le plâtre n'ont d'efficacité que
sur les terres argileuses et sablonneuses ,
auxquelles la partie calcaire manque : ici elle
est partout non seulement en suffisante quantité , mais encore en excès. Aussi le plâtre,
source inépuisable de fécondité et de richesse

pour beaucoup de pays , perd ici toute sa puissance. Il en est de même de la marne, surtout de celle dans laquelle la chaux domine.

Règle générale. Partout où l'on voit prospérer le châtaignier , et c'est surtout dans les sols granitiques, ou schisteux, on peut employer le plâtre avec confiance, sur les trèfles , les sainfoins , les luzernes , etc. Mais si cet arbre ne végète que faiblement , et ne donne que des fruits qui parviennent rarement à maturité , il faut renoncer à cet engrais.

L'emploi du sel est contrindiqué par la sécheresse du climat.

§ II. Amender un sol , c'est, dans la véritable acception du mot, en modifier la composition et le degré de consistance , en y ajoutant celui de ses principes , argile , chaux ou sable qui s'y trouve en trop petite quantité. Ainsi dans une terre argileuse , froide et humide , on apporte du sable et de la chaux. C'est au contraire de l'argile qu'il convient de donner à une terre légère et n'ayant pas de corps , et la chaux, aux argiles sablonneuses qui en manquent.

Rarement ce genre d'amélioration peut s'exécuter avec avantage. Il est dispendieux , a raison des transports immenses qu'il exige, même lorsqu'on trouve à peu de distance les matériaux dont on a besoin. Le cas le plus favorable est celui où la couche inférieure est de nature différente de la surface. Un simple défoncement suffit alors pour mélanger ces terres, dont les défauts se corrigent ainsi mutuellement. Dans tous les autres cas, il est plus facile et plus rationnel d'approprier les cultures à la nature du terrain, que celui-ci aux plantes.

§ III. L'écobuage est pour certaines terres une opération de culture fort avantageuse, un amendement très-profitable. Voici comment il s'opère :

Soulevez à la bêche ou à la charrue, par grandes plaques, la surface du sol avec l'herbe qui s'y trouve attachée. Formez sur place, avec ces mottes séchées au soleil des espèces de fours remplis de bois sec. Mettez-y le feu. Lorsque le four a brûlé suffisamment pour cuire la terre, étouffez le feu, en bouchant toutes les ouvertures. Ensuite démontez le fourneau, étendez la terre, qui se trouve réduite à l'état de poussière.

La surface du sol est ainsi amenée à une division extrême, qui est favorable à toutes les plantes. C'est le principal ou pour mieux dire le seul effet de l'écobuage. La chimie moderne a fait justice de la prétendue formation des sels neutres, alkalins qu'on lui attribuait.

On lui reproche de détruire l'humus ou terreau, et les matériaux propres à le former. Cette perte, si elle existe, est plus que compensée par l'amélioration produite, et par la destruction des graines des mauvaises herbes.

Plus la terre est argileuse, plus elle tire de profit de cet amendement, qui serait nuisible aux sols sablonneux.

§ IV. L'ardeur du soleil et la sécheresse de la terre rendent ici *l'irrigation* indispensable pour certaines récoltes, et utiles pour toutes. En général, sans le secours de l'eau, nous n'avons point de prés, point de légumes d'été. Dans les terres légères et de peu de fond, il arrive parfois que les blés ne montent en épis qu'à l'aide d'un arrosement.

Donner l'arrosage à un canton du midi, c'est lui procurer la plus grande amélioration dont il soit susceptible. La fécondité et la richesse remplacent aussitôt la stérilité et la pénurie.

Il est donc éminemment utile de recueillir les plus petits filets d'eau, de les réunir dans des réservoirs garnis d'argile au fond, sans quoi elle se perdrait, de creuser des canaux, lorsqu'on se trouve à portée des grands cours d'eau, et à défaut de toute autre ressource d'établir des machines hydrauliques sur de larges puits.

Cependant il est utile d'observer qu'un terrain arrosé exige un plus grand emploi de travail et d'engrais, sans lesquels l'irrigation ne ferait que l'appauvrir. C'est sur les moyens de pourvoir à ces nouveaux besoins, que chacun doit régler l'étendue de terrain qu'il peut faire profiter de l'arrosage.

CHAPITRE V.

Labours. Outils et Instruments aratoires. Bêtes employées au labourage. Défoncements.

Bien que la terre ne joue qu'un rôle presque entièrement passif dans la végétation, elle a besoin d'être suffisamment remuée, ameublie, pour que la chaleur et l'eau puissent la pénétrer, et les premiers germes des plantes s'y développer avec facilité.

C'est l'objet des labours.

§ I. On les exécute, soit à bras, soit au moyen des instruments aratoires et des bêtes de labour.

La *pioche* et la *bêche* employées dans les labours à bras, varient extrêmement de forme, tantôt à cause de la nature du sol, tantôt par le seul effet de l'habitude. Dans les terrains pierreux, leur fer ou lame se divise en deux ou trois becs, ce qui facilite son entrée dans la terre. Celles qui joignent la solidité à la légéreté sont les meilleures.

La *houe*, la binette et le rateau sont leurs auxiliaires; on s'en s'ert pour les cultures légères et les binages.

Les labours pratiqués à bras d'homme ont vingt à vingt-cinq centimètres de profondeur. On la double en passant deux, trois fois dans la même tranchée. C'est ce qu'on appelle défoncement, la culture par excellence.

Ces cultures à bras sont les plus parfaites ; mais elles exigent beaucoup d'ouvriers, de temps et de dépense. C'est pourquoi elles ne sont praticables que sur de petites étendues.

Partout où l'on peut les remplacer par celles
faites au moyen des charrues, ou ne doit pas
balancer ; c'est un des premiers préceptes
d'économie rurale.

Pour peu que l'exploitation soit considérable, il faut donc recourir aux grands instruments aratoires. On en possède quatre ici,
l'araire simple à un collier, ou *fourca*, celui
à *deux colliers*, *l'araire à versoir ou coûtrier*,
et la *charrue à avant-train*. Ils sont tous mal
construits. Pour en juger, il suffit de voir leur
ouvrage. Le *fourca* entame à peine la superficie du sol. *L'araire* attelé de deux mulets ne
soulève pas la terre à plus de deux pouces et
demi (7 centimètres). Le *coûtrier* ou araire
à versoir n'atteint que trois pouces et demi
(11 centimètres), et il retourne mal la terre.
La *charrue* à avant-train a le même défaut.
Avec quatre mulets, elle ne s'enfonce qu'à
sept à huit pouces (19 à 22 centimètres). Le
soc de toutes ces charrues a le bec en pointe
allongée, de sorte que le sillon est étroit au
fond. On a beau les rapprocher, il reste toujours entre deux, un intervalle en dos d'âne
qui n'est pas atteint.

Les conditions d'une bonne charrue sont

d'être légère et solide , de tracer un sillon large et profond , de retourner exactement la terre , de n'exiger que peu de force de tirage , et de bien tenir dans la raie. Celle dite de Roville présente toutes ces qualités. Des essais multipliés prouvent qu'on peut l'employer avec avantage dans la plupart de nos terrains.

Elle est ici figurée avec les changements utiles dus à M. Lacaze , fabricant d'instruments d'agriculture à Nismes , chez lequel on trouve tous les instruments nouveaux et perfectionnés.

Le sep de celle-ci est en bois. Lorsqu'on le fait en fer, les deux étançons aussi de ce métal , sont verticaux et parallèles , et le talon est beaucoup plus court.

Le régulateur vu de face (fig. 2) et de côté (fig. 3) donne les moyens d'augmenter et de diminuer à volonté l'entrure de la charrue , ou la profondeur des rayons , en l'élevant ou en l'abaissant dans la mortaise , où on le fixe par un boulon ; tout comme on peut rapprocher ou éloigner les sillons , suivant que l'on place l'un des anneaux de la chaîne de tirage dans les premiers ou derniers crans de la partie horizontale.

EXPLICATION DE LA PLANCHE.

Fig. 1re. Charrue de Dombasle ou de Roville.

1. Perche ou âge , en patois provençal. *Cambette.*
2. Soc. *Rie.*
3. Versoir ou oreille. *Ourière ou tole.*
4. Coûtre. *Couteou.*
5. Manche ou mancheron. *Maneton ou stève.*
6. Étançon ou jambe. *Support ou Tendée.*
6. et 7. Sep. *Souchade.*
8. Têtar ou régulateur.
9. Chaîne.

Fig. 2. Régulateur vu de face.

a. a. a. a. — Trous dans laquel on passe un anneau de la chaîne.

b. Chaîne.

Fig. 3. Régulateur vu de côté.

a. Partie verticale du régulateur qui traverse l'âge.
b. Partie horizontale portant les crans.
c. Anneau de la chaîne reçu dans un cran.
d. Crochet auquel s'attache le palonnier.

PLANCHE 1re.

Fig. 2.

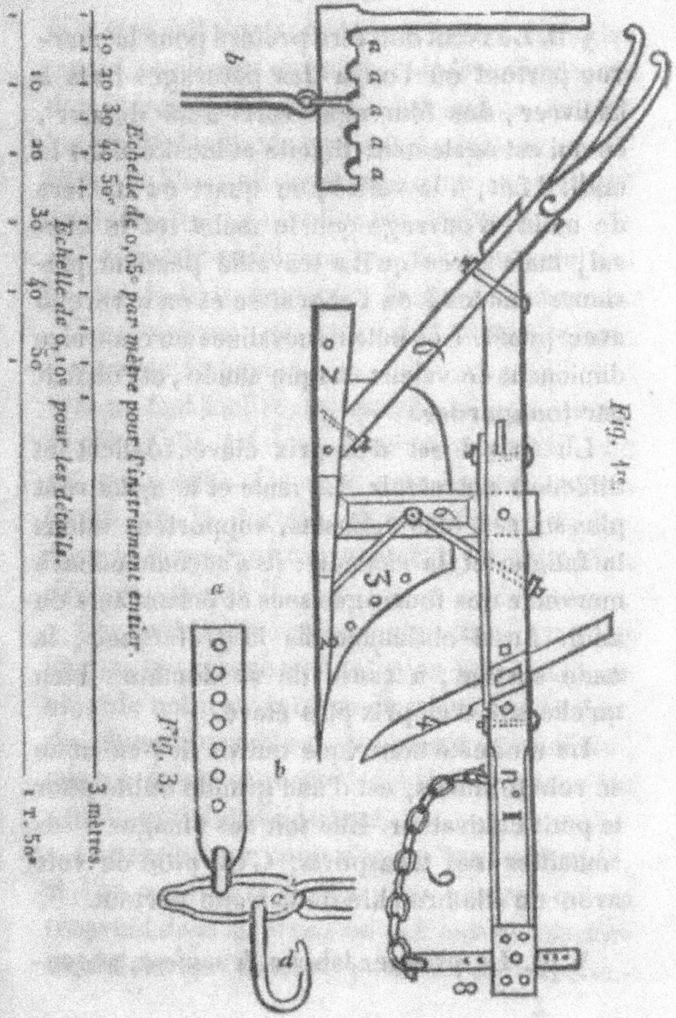

Fig. 1re.

Fig. 3.

Echelle de 0,05e par mètre pour l'instrument entier.
10 20 30 40 50e
3 mètres.
Echelle de 0,10e pour les détails.
10 20 30 40 50
1 T. 5o.

§ II. Le bœuf doit être préféré pour la charrue partout où l'on a des pâturages frais à lui livrer, des fourrages verts à lui donner, ce qui est également difficile et inusité dans le midi. Il fait, à la vérité, un quart ou un tiers de moins d'ouvrage que le mulet et le cheval, mais après qu'il a travaillé pendant plusieurs années, on l'engraisse et on le revend avec profit. Les bêtes chevalines au contraire diminuent de valeur chaque année, et l'on finit par tout perdre.

Le cheval est d'un prix élevé, délicat et difficile à entretenir. La mule et le mulet sont plus sobres, plus robustes, supportent mieux la fatigue et la chaleur : ils s'accommodent à merveille des fourrages secs et échauffants du midi. Aussi obtiennent-ils la préférence, la mule surtout, à cause de sa docilité, bien qu'elle soit d'un prix plus élevé.

La modeste bourrique qui vit de peu et ne se rebute jamais, est d'une grande utilité pour le petit cultivateur. Elle fait ses binages, ses semailles, ses transports. C'est pitié de voir avec qu'elle brutalité on la traite partout.

§ III. Le premier labour, *le souleva*, ne sau

rait être fait de trop bonne heure. Dans les
terres argileuses et fortes , il devrait précé-
der l'hiver , afin que les alternatives de gelée et de dégel , de pluie et de vent les ameu-
blissent. Dans ce cas , on laisserait les mottes
entières , pour multiplier les surfaces.

Le deuxième labour , en mai , est celui qui
se fait le plus souvent à la grande charrue.

Le troisième , en août , sert ordinairement
à enterrer le fumier.

Il ne faut mettre la charrue dans la terre ,
ni quand elle est trop humide , ni quand elle
est trop sèche. Dans le premier cas , on ne
ferait que la durcir , au lieu de l'ameublir ;
dans le second, on augmenterait l'évaporation
déjà trop forte.

Les seuls labours à exécuter durant la chaleur et la sécheresse sont ceux qui ont pour
objet de nettoyer la terre de mauvaises herbes,
de chiendent surtout. La plante déracinée ,
mise à l'air , exposée à toute la rigueur du
soleil , périt infailliblement.

On choisit au contraire un temps humide,
si l'on veut faire germer les graines qui se
trouvent dans la terre, ou qui ont été appor-
tées dans les fumiers , pour les détruire en-

suite. Ces labours n'ont pas besoin d'être profonds ; ils se font à l'araire simple.

La *herse* et le *rouleau* perfectionnent le travail de la charrue, en brisant les mottes, en émiettant la terre. L'*extirpateur* et la *houe-à-cheval* rendraient aussi de grands services, l'un pour arracher les mauvaises herbes, et l'autre pour biner et sarcler économiquement les plantes semées en rayons.

§ IV. Les défoncements sont, comme il a été déjà dit, la culture par excellence. Ils s'exécutent ou à la bêche ou à la charrue. Le premier est extrêmement dispendieux et ne peut s'opérer que sur des étendues bornées. Le second est imparfait. L'emploi simultané des deux moyens fait disparaître leurs inconvénients.

Une charrue attelée d'une ou deux couples de mulets ouvre un sillon sur toute la longueur du champ. Des ouvriers dont le nombre varie de dix à quinze, suivant que le travail est plus ou moins facile, échelonnés sur la ligne que parcourt la charrue, se hâtent, aussitôt qu'elle les a dépassés, de creuser avec la pioche ou la bêche toute la largeur du sillon, en laissant la terre en place , ou ce qui vaut mieux en la jetant sur la raie qui précède. Le sol se trouve ainsi remué à une grande profondeur , et sans beaucoup de frais.

DEUXIÈME PARTIE.

Culture des plantes.

CHAPITRE PREMIER.

Céréales.

Sous la dénomination générique de céréales sont compris tous les grains qui servent à la nourriture des hommes et des animaux, savoir : les diverses espèces et variétés de blé, de seigle, d'orge , d'avoine , le maïs et le millet. On y joint même le sarrasin , bien qu'il n'ait aucune analogie de forme avec les précédents.

Les grains forment en Europe la base de la nourriture : ils sont la principale production de notre agriculture.

Le climat du midi leur est favorable. On ne peut pas en dire autant du terrein , qui manque de qualités et de fertilité. Le produit moyen des récoltes varie entre cinq à six fois la semence.

§ I. Trois espèces de blé sont cultivées.

1°. La *tuzelle*, blé fin, tendre, sans barbes, propre à fabriquer le pain de luxe. Elle se contente des terrains légers. Une variété à grain plus petit et plus blanc, dite *blé-meunier*, a les mêmes qualités et réussit dans les terrains qui suffiraient à peine au seigle.

2°. L'*aubeine*, blé dur, grain gros et brunâtre, tige forte, barbe rousse ou noire selon la variété, donnant une farine abondante, mais commune. Elle exige les terres fortes, bien fumées. Sa variété dite blé rouge est moins difficile.

3°. La *seissette*, blé tendre, fin, peu coloré, servant pour la boulangerie ; elle prospère dans la terre franche et légère.

Une autre espèce de blé trop peu cultivée, la petite *épeautre*, se contente des plus mauvais terrains. C'est le grain qui reste le plus longtemps en terre. Il n'y a pas deux mois d'intervalle entre la récolte, et les nouvelles semailles. Débarrassé, au moulin, de son écorce qui est fort adhérente, ce grain forme un gruau propre à remplacer avec avantage le riz, les fécules et les pâtes.

La sécheresse ordinaire de nos étés s'oppose à la culture des blés de mars; elle est tout-à-fait inconnue.

Dans notre système actuel de culture, la terre qui doit être semée en blé, après une année de jachère, reçoit trois labours; le 1er en mars, le 2e en mai et le 3e en août ou septembre.

Le premier est trop retardé. Pendant les huit mois qui s'écoulent entre la moisson et mars, les mauvaises herbes épuisent le sol et répandent leurs graines en toute liberté. La surface durcit, et reste fermée aux influences atmosphériques. Le plus léger labour, aussitôt après la moisson, ou aux premières pluies d'automne, parerait à ces inconvénients

Les labours suivants ont pour objet de détruire les mauvaises herbes, à mesure qu'elles paraissent, d'ameublir la terre, de la disposer pour l'ensemencement.

On sème en octobre ou en novembre, à raison d'un hectolitre et demi par hectare, pour les grains fins et les sols légers, et deux hectolitres pour les gros blés, et les terres fortes. Quelques-uns sèment à la main , dans la raie , et c'est surtout pour en laisser une vide, par intervalle , qui sera remplie plus tard d'une autre semence , de chardon par exemple. Cette méthode économise la moitié de la graine. Le semoir Hugues ferait gagner de plus les cinq sixièmes de temps.

Pour préserver les grains de la carie , il est prescrit de chauler la semence, c'est-à-dire de la tremper dans une lessive de cendres et de chaux , ou mieux encore dans une solution de sulfate de cuivre (vitriol bleu) ; trois kilogrammes de vitriol dissous dans 250 litres d'eau suffisent pour treize hectolitres. Elle doit séjourner une heure dans ce bain préservatif.

Durant les hivers pluvieux , on ne négligera pas de visiter et d'entretenir les rigoles d'écoulement qui ont dû être pratiquées, lors des semailles , sur les terres humides.

A la fin de l'hiver , il est bon de passer le rouleau , pour achever d'écraser les mottes , et tasser la terre soulevée par la gelée.

Peu de temps après commencent les sarclages trop souvent négligés.

La maturité des grains arrive dans les

derniers jours de juin. Il vaut mieux la devancer un peu que la laisser passer.

La moisson à la faucille laisse perdre peu d'épis ; mais elle exige beaucoup de temps. A la faux, elle est plus expéditive, mais on ramasse mal les épis, et l'on coupe trop bas, ce qui prive la terre d'une partie des chaumes, modique engrais qui ne lui est pas toujours rendu.

Le foulage des gerbes sur l'aire, au moyen des bêtes de labour, favorisé par la chaleur et la rareté des pluies en cette saison, est fort expéditif, ainsi que le nettoiement du grain par le secours du vent, que le tarare supplée au besoin.

§ II Le seigle n'est plus cultivé que dans quelques pays de montagne, depuis que l'aisance qui se répand dans les cantons fertiles le fait dédaigner. On sème en septembre six doubles décalitres par hectare. Il mûrit dans les expositions chaudes, dès les premiers jours de juin. Il donne en grain, trois à quatre fois la semence, et beaucoup de paille. Nos ancêtres, pour exciter à sa culture dans les terrains qui lui conviennent, disaient : *Mieux vaut bon seigle que mauvais blé*.

Tout ce qui a été dit de plus sur la cultur edu blé s'applique au seigle , et aux autres grains , sauf quelques modifications faciles à saisir.

§ III. L'orge est encore moins cultivée. On ne la sème guères que pour pâture à donner sur place aux brebis mères et aux agneaux, et pour reproduire la semence. Il en faut trois hectolitres par hectare.

Une variété d'orge de printemps appelée paumelle (*poumoule*) est d'un grand secours dans les années désastreuses où le froid fait périr les grains d'hiver, et pour garnir à l'arrière-saison quelque lopin de terre oublié ou négligé. On la sème en février ou en mars ; elle donne une farine fort médiocre et en petite quantité.

§ IV. L'avoine tient un rang distingué dans nos productions. On peut la semer en deux saisons , en automne et à la fin de l'hiver. Dans les premiers cas, elle occupe les terres lassées par une longue succession de récoltes de blé et les défrichements trop fertiles de prairies artificielles , où celui-ci verserait. Dans le second , elle sert à utiliser des terrains dont la préparation a été retardée par le défaut de temps , la négligence , ou les intempéries des saisons, ou à cause de l'enlèvement tardif de la récolte qui a précédé , la garance par exemple , dont l'arrachement a traîné en longueur.

On emploie trois hectolitres de semence par hectare. La moisson se fait ordinairement à la faux. Il faut se hâter d'y mettre la main , aussitôt que le grain est mûr. Un jour de retard peut faire perdre la moitié de la récolte , si le vent vient à souffler.

L'avoine est estimée en raison de son poids et de sa couleur foncée. Celle de printemps ne possède guère ces deux qualités. Aussi on évite autant que possible de la semer en cette saison.

§ V. Le *maïs* ne peut être cultivé que dans les terrains arrosés , ou naturellement frais. Il en est de même des deux espèces de *millet* , le gros ou *sorgho* , *millet à balais* , et le petit ou *millet à poulet*. Ils demandent une terre fertile et bien fumée.

Le maïs se sème à larges rayons, ainsi que le sorgho ; le petit millet en planches , à la volée. Les deux premiers doivent être sarclés , binés et buttés. L'autre n'a besoin que d'un sarclage ; l'eau est nécessaire aux uns et aux autres.

§ VI. Le sarrasin n'est employé pour la nourriture de l'homme que dans quelques pays montagneux fort pauvres. Mais partout il peut être utilisé, sous plusieurs autres rapports. La graine est excellente pour la nourriture des volailles, des pigeons, même des chevaux. Sa fleur est-très utile aux abeilles, surtout parce qu'elle vient dans un temps où il n'y en a point d'autres. C'est en outre la plante qui convient le mieux dans le midi, pour enfouir en vert, et tenir lieu de fumier. Il n'est point exigeant sur la nature et la préparation du sol, et il peut être semé depuis la fin des gelées, jusqu'aux dernières pluies du printemps et même en été. Son accroissement très rapide fait qu'on peut le semer encore après la moisson des blés, pour peu qu'il pleuve. La plante s'étend beaucoup et doit par ce motif être semée clair. Trois doubles décalitres suffisent par hectare, lorsqu'on le cultive pour la graine. On en met le double, si la récolte doit être enterrée.

Toutes les graines ne mûrissent pas à la fois. On choisit, pour faire la récolte, le moment où celles du haut de la tige commencent à se colorer. Les gerbes mises aussitôt en meule restent ainsi amoncelées, pendant quelques jours, pour donner le temps à la maturité des graines de s'accomplir.

CHAPITRE II.

Légumes.

Bien qu'il ne convienne pas à l'agriculteur d'avoir un jardin, objet de dépenses continuelles, et en quelque sorte de luxe, il faut cependant qu'il trouve chez lui les légumes nécessaires à sa maison. Le jardin ne doit être toléré, qu'autant qu'il n'y a que ce petit espace de terrain qui puisse être arrosé. Dans tous les autres cas, le cultivateur placera ses légumes sur les jachères; il les changera toutes les années de place, c'est-à-dire qu'il les fera entrer dans sa rotation de récoltes. L'emplacement qu'ils auront occupé se trouvera fertilisé, nettoyé, parfaitement disposé pour les céréales qui suivront; et rien ne sera perdu.

C'est chose facile que de se procurer des légumes , lorsqu'on à des terrains arrosables , ou naturellement frais. On peut jusqu'à un certain point suppléer au défaut de ces avantages, en choisissant dans un bas-fonds , un emplacement qui ne soit pas exposé directement au midi , en le défonçant de bonne heure , afin qu'il soit pénétré des pluies de l'hiver , et conserve long-temps l'humidité , en ne le fumant qu'avec des fumiers consommés , en faisant les semis de très-bonne heure , et en binant à chaque pluie. Avec ces soins , on n'a de privation que pendant un ou deux mois de la plus grande sécheresse.

Dès le commencement de l'hiver, le cultivateur prévoyant semera les pois et les fèves qui devront garnir sa table en mai et juin , au moment où il emploira beaucoup d'ouvriers pour l'éducation des vers-à-soie. Il fera plus tard un second semis de ces deux légumes , pour le temps de la moisson.

Les poireaux , l'ail , l'ognon et l'échalotte sont plantés à la fin de l'hiver. Viennent ensuite les semis de salades , laitues d'abord, ensuite chicorées , qui doivent se succéder de mois en mois , si l'on arrose.

Lorsqu'il n'y a plus de gelée à craindre, il convient de s'occuper des semis des haricots, qui sont en Provence d'un usage journalier, durant toute l'année. On ne saurait trop en avoir. Il est bon d'en continuer les semis de mois en mois jusqu'en juillet, époque à laquelle ils seront placés sur les terres qui viennent de porter du blé, si elles sont assez fraîches, ou si l'on peut arroser.

Pour ces semis, les rayons sont ouverts à la houe ou à l'araire. Des binages fréquents les font prospérer.

Le *pois-chiche* et *la gesse* ou *pois carré* sont la ressource des cultivateurs placés dans des localités sèches et arides. Ils viennent partout et sans le secours de l'eau. On les sème en mars, en rayons, à l'araire. Un binage leur suffit.

Le melon et la citrouille aiment la terre fraîche. Leur graine est placée en avril, dans de petites fosses remplies de fumier ou de terreau, à grandes distances. Le melon a besoin d'être arrêté (*châtré*) lorsque la tige du milieu a cinq feuilles, et les branches latérales à leur tour, quand elles commencent à s'allonger.

L'aubergine , le piment et la tomate , légumes très-recherchés dans ce pays, exigent absolument l'arrosage. On les plante de jeunes
sujets venus sur couche.

Les semis de choux se font en mai et juin.
On les repique lorsqu'ils sont assez forts. Ils
deviennent beaux, si l'on a soin de les bien
fumer, de les espacer suffisamment , et de les
enterrer jusqu'au collet , en les plantant.

Le navet est ici l'accompagnement nécessaire du chou. On le sème en planche , à la
volée , à la mi-août , après une pluie.

Le céleri, et le cardon d'Espagne ou *carde* ,
se sèment au commencement de l'été , le premier en pépinière et le second en place. Ils
ont besoin d'eau. Pour les rendre mangeables,
il est nécessaire de les priver de la lumière
et du soleil , en les couvrant de terre.

Les semis d'épinards se succèdent depuis
le mois d'août jusqu'au printemps.

CHAPITRE III.

Prairies naturelles et artificielles.

§ I.

Les prairies naturelles (*palus, pâtis*) établies sans le concours de l'homme , déjà rares dans le midi, sont journellement envahies par le défrichement. Souvent il y aurait plus de profit à les conserver, à les améliorer , en desséchant celles qui sont inondées , en les fumant , ce qui suffirait pour les mettre à l'égal des meilleurs prés , et pour en doubler le produit et la valeur.

§ II. Le pré proprement dit tient le milieu entre la prairie naturelle et la prairie artificielle. Comme la première, il subsiste pendant des siècles ; il est semé et reçoit des soins comme les autres.

Le cultivateur peu réfléchi l'apprécie fort, et tient beaucoup à en avoir un. C'est à tort ;

car on peut dire du pré comme du jardin, que ce sont les deux sangsues d'une exploitation, deux gouffres où la meilleure et la plus grande partie des fumiers va s'engloutir. Ce n'est que par des soins et des frais extraordinaires qu'on peut obtenir du sol une longue succession des mêmes produits.

Il est bien plus avantageux d'avoir, au lieu d'un pré, des prairies artificielles de courte durée, de la luzerne, du trèfle, du sainfoin et autres, suivant la nature du sol, de les défricher lorsque la terre est suffisamment fertilisée par leur séjour. C'est le moyen d'améliorer successivement tout le domaine, sans faire une forte dépense de fumier, et tout en se procurant une grande abondance de fourrages.

Cependant il est des cas particuliers où il convient d'avoir un pré, soit pour l'agrément, soit pour le produit.

Il n'y a pas de pré possible dans le midi, sans arrosage, à moins qu'on ne possède un bas-fonds humide, ou qu'on se contente d'une seule coupe.

Lorsqu'on veut établir un pré, le terrain doit être bien défoncé, largement fumé, nivelé avec le plus grand soin et divisé en planches par des ados qui en facilitent l'irrigation. On y sème en mars du fromental et du trèfle vivace. Bientôt ces plantes sont accompagnées d'un grand nombre d'autres qui croissent naturellement. Les mauvaises, telles que les joncs, les roseaux, la carotte sauvage , la consoude, les renoncules , la mousse , etc., seront arrachées avec soin.

Les arrosements doivent être fréquemment répétés. Il est des eaux qui dévorent le fumier , d'autres au contraire qui en tiennent lieu.

On fauche trois fois par an , lorsque la majeure partie des plantes est en fleur, à la mi-juin, fin juillet et fin septembre. Il reste encore un regain qu'on fait pâturer sur place en hiver.

La fenaison est facile ; elle n'exige aucun soin ; le climat fait tout.

Un pré arrosé a besoin d'être fumé toutes les années et d'aussi bonne heure qu'il est possible. Au chapitre V de la première partie se trouve indiqué un compost qui vaut , pour cet usage , le meilleur fumier. Il est utile aussi de temps en temps, de *terrasser* les prés , les couvrir d'une légère couche de terre , pour recouvrir les collets des plantes , qui tendent toujours à s'élever.

§ III. La luzerne est le fourrage artificiel le plus productif. Elle exige un bon terrain , de profondes cultures , et du fumier en abondance. Si à ces conditions se joint l'arrosage, elle donne jusqu'à six coupes par an.

On la sème au printemps, soit seule, soit dans les céréales, et encore au mois d'août dans les terres arrosables. Il faut vingt-deux litres de graine par hectare. Des sarclages souvent répétés sont de rigueur la première année. A la seconde et suivantes, les coupes se succèdent de vingt-cinq en vingt-cinq jours , de mai en septembre.

Pour l'entretenir en bon état de produit , il faut la fumer toutes les années , surtout si l'on arrose. Sa durée serait fort longue ; mais la fréquence des arrosements l'épuise et donne naissance à une infinité de petites herbes , qui la font périr au bout de trois ou quatre ans.

Il est temps alors de la défricher. On se sert de la bêche ou de la charrue , suivant les moyens et l'étendue. Le blé semé tout de suite après devient quelquefois trop beau et verse;

l'avoine convient mieux ; sa récolte est dans ce cas aussi belle et plus assurée.

Ce fourrage entretient très-bien et sans avoine, les mulets et chevaux assujetis au travail le plus pénible. C'est aussi une bonne nourriture pour les moutons.

§ IV. Le trèfle commun, rouge ou de Hollande, ne prospère qu'à l'aide d'humidité dans l'air, et de fraîcheur dans le sol, choses fort rares ici. Cependant il ne vient pas bien mal dans une terre argileuse, si elle peut être arrosée.

C'est en mars qu'on le sème, le plus souvent dans les céréales fumées, au moyen de vingt à vingt-cinq litres de graine par hectare.

Il convient de faucher, immédiatement après la moisson, la première pousse mêlée de chaumes, quoiqu'elle soit encore bien courte. On arrose ensuite et l'on obtient une belle coupe en septembre. L'année suivante il y en a trois. On défriche la troisième année en enfouissant la dernière coupe ; et la récolte de blé qui succède est proportionnée aux soins donnés, au fumier employé.

§ V. Le sainfoin (*esparcet*) est pour le midi la prairie artificielle par excellence. Nos terrains calcaires secs et graveleux lui conviennent à merveille. Il n'exige ni culture particulière et soignée, ni engrais, ni arrosement; et il améliore d'une manière remarquable le sol sur lequel il subsiste un certain nombre d'années, au point qu'il est possible d'obtenir de belles récoltes de blé, où le seigle pouvait à peine croître auparavant. Les terres froides et humides sur lesquelles l'eau séjourne en hiver sont les seules qu'il redoute.

Il y a deux espèces, la grosse et la petite. Celle-ci ne paraît être qu'une dégénération de l'autre, résultant de la mauvaise nature des terrains sur lesquels elle a été successivement placée. Cependant les botanistes les distinguent.

Il ne demande pas d'autres labours que ceux donnés pour le blé ou le seigle sur lesquels on le sème. On emploie douze à quinze doubles décalitres de graine par hectare; elle est répandue à la volée, soit au moment des semailles, soit en mars, avec la précaution de l'enterrer peu profondément; c'est pourquoi, dans le premier cas, lorsque le blé a été couvert par l'araire , on répand la graine, et l'on se contente de passer en travers sur les sillons une planche légère , ou un fagot de broussailles , en guise de herse. Si c'est au printemps , dans le blé , il suffit de donner un léger coup de rateau.

La première et la deuxième année , la jeune prairie sera soigneusement préservée , durant l'hiver, de la dent des moutons affamés , qui arracheraient la plante encore mal enracinée, ou en rongeraient le collet de trop près, ce qui la ferait périr. Il y aurait moins d'inconvénient à les y laisser paître aussitôt après la moisson , ou durant l'été. Rassasiés alors des herbes fines et des grains qu'ils trouvent partout, ils se contentent de brouter les feuilles de sainfoin , sans en attaquer la tige.

La seconde année, la prairie se couronne d'un riche tapis de fleurs pourpres , au milieu de mai. Elle est alors bonne à faucher. Elle donne encore une seconde coupe passable ou regain , si la saison n'est pas trop sèche.

En arrosant , on peut faucher trois fois ; mais alors il faut fumer ; et l'amélioration du sol est bien moindre.

On défriche après trois ou quatre ans, suivant l'état du sol , celui de la conservation de la prairie , et l'assolement adopté. La terre se trouve fertilisée en proportion de la durée du sainfoin , ordinairement pour plusieurs années , à moins qu'une avidité peu réfléchie ne porte à l'épuiser par plusieurs récoltes successives de blé , comme on le fait trop souvent.

Le cultivateur une fois pourvu de ces trois espèces de fourrages doit en récolter les graines , et ne plus les acheter. La formation de la graine épuise considérablement les plantes; c'est pourquoi on ne doit la recueillir que sur celles qui sont parvenues au terme de leur durée. On la prend ordinairement sur la première coupe de sainfoin , la seconde du trèfle , la troisième ou quatrième de la luzerne.

Lorsque la graine est suffisamment mûre , les plantes sont fanchées le matin à la rosée , portées immédiatement sur l'aire , battues au fléau lorsqu'elles sont sèches , et non foulées afin de conserver les tiges, fourrage encore profitable durant l'hiver.

La graine de sainfoin se sème telle qu'on la récolte. Celles de trèfle et de luzerne ont besoin d'être débarrassées de leur enveloppe, ce qui se fait soit en les battant , soit en les passant sous une meule , après quoi il ne reste plus qu'à les vanner avec un crible fin.

§ VI. Il existe des prairies artificielles annuelles; elles sont commodes pour intercaler entre les autres récoltes.

Le *trèfle incarnat* ou *farouch* se trouve dans ce cas. La nécessité de le semer immédiatement après la moisson , époque à laquelle nos terres sont en général trop sèches pour que la graine puisse germer, nous force à le reléguer dans les quartiers arrosables. Dans les autres, il a des chances moins favorables ; cependant il y réussit quelquefois , bien qu'il ne lève qu'aux pluies d'automne, souvent fort retardées. Il donne une seule coupe en mai suivant. Le fourrage est hâtif , abondant , mais de qualité médiocre. Sa graine peut se semer dans l'enveloppe qui la recouvre.

§ VII. Les vesces d'hiver et d'été sont d'un succès plus assuré ; associées avec l'avoine qui leur sert de support , elles donnent un fourrage excellent et copieux , connu sous le nom de *bargelade*.

La vesce d'hiver mérite la préférence ; elle profite des pluies de cette saison, ainsi que de celles du printemps. Son produit moins incertain est plus précoce et plus abondant.

Le moment de semer est le mois de novembre pour celle d'hiver, février ou mars pour celle de printemps. Six doubles décalitres d'avoine et autant de vesce d'été, un tiers de moins de celle d'hiver, qui est plus petite, suffisent pour un hectare ; c'est ordinairement sur une fumure que cette prairie est placée.

On attend pour faucher le moment où les deux plantes sont défleuries, et leurs graines à demi formées. Un labour donné immédiatement après dispose la terre à recevoir en automne une autre semence, ordinairement celle du blé.

Ce fourrage doit être consommé dans le courant de l'été. S'il en restait à l'entrée de l'hiver, les rats qui se réfugient alors dans les greniers à foin, y causeraient de grands dégâts, en rongeant les grains à demi formés qui en font le principal mérite.

Cette espèce de prairie ne saurait être trop multipliée. Elle s'accommode [parfaite-

ment de notre sol et de notre climat. Chaque
cultivateur devrait en récolter assez pour
nourrir ses bestiaux tout l'été, afin de réser-
ver ses autres fourrages pour l'hiver.

§ VIII. L'orge et le seigle qui ont été semés pour servir de pâturage en hiver aux
brebis mères et aux agneaux, mis en défends
au printemps, lorsque ces bestiaux trouvent
ailleurs une nourriture suffisante, ne tardent
pas à monter en épis. Après qu'on a réservé
ce qui est nécessaire pour la reproduction de
la semence, le reste est fauché, à demi-grain,
soit pour le donner en vert aux chevaux et
mulets, ce qui leur est très-profitable, soit
pour en former un fourrage sec qui n'est pas
sans mérite ; ressource d'autant plus précieuse, qu'on peut la multiplier partout à vo-
louté.

CHAPITRE IV.

Racines fourragères.

§ I.

La pomme de terre et la betterave sont les deux principales.

La première est aussi utile pour la nourriture des hommes que pour celle des animaux. Depuis que nous la possédons, il n'y a plus de famine possible. Les céréales périraient-elles en entier par la rigueur de l'hiver, cette racine précieuse qui végète à l'abri de tout danger, fournirait à tous les besoins.

Il existe un grand nombre de variétés distinguées par la couleur, la forme, le volume, et le plus ou moins de précocité. La préférence est due à celles qui abondent en *fécules*, partie la plus pure et la plus nourrissante.

La terre et la culture influent beaucoup sur la qualité. Dans une terre forte, fumée et arrosée, elles sont abondantes, mais dures,

peu farineuses , propres seulement à la nourriture des bestiaux. En terre légère et sablonneuse , elles gagnent en qualité ce qu'elles
perdent en quantité.

Sur un terrain labouré profondément avant
l'hiver , et fumé de bonne heure , on plante
en mars et même plutôt , les tubercules (entiers
s'ils sont petits , et les gros divisés de manière
que chaque portion conserve un œil ou germe),
en rayons espacés de 50 à 75 centimètres ,
ou en petites fosses ouvertes à la bêche , ou
bien encore à la suite de l'araire , dans la raie.

En premier lieu un binage est nécessaire
dès que la plante paraît , et l'on butte à mesure
qu'elle s'élève. Ces travaux s'exécutent à la
main dans les petites étendues; dans les grandes , à l'aide de la houe à cheval , et de la
charrue à butter.

L'arrachement a lieu dès que les tiges commencent à sécher. Ici encore on se sert , suivant l'étendue , de la bêche ou de la charrue.
Les tubercules nettoyés , ressuyés sur place ,
sont serrés à l'abri de la gelée , dans les greniers , les caves sèches , ou dans des *silos* ,
fosses creusées dans un endroit sec, avec une
couverture bombée en paille et en terre.

Notre climat donne la possibilité d'en faire une seconde récolte après la moisson. On arrose s'il est possible, on laboure et l'on plante sans retard. L'arrachement a lieu en novembre. Le produit est de bonne qualité, et de garde pour l'arrière-saison.

§ II. La betterave comme racine fourragère méritait déjà l'attention des cultivateurs. Elle a acquis une plus grande importance, depuis qu'elle est employée à la fabrication du sucre.

Pour la nouriture du bétail, on cultive l'espèce dite *champêtre* ou racine de disette, et pour la fabrication du sucre, la *blanche* dite de *Silésie*.

La culture de l'une et de l'autre est la même. Seulement la blanche qui reste toujours plus petite, n'a pas besoin d'autant d'espace.

Une terre meuble, fraîche ou arrosable leur convient. Il faut la défoncer et la fumer; car la plante est vorace, et s'enfonce profondément.

Le semis a lieu en mars et en avril, en rayons espacés de 60 à 80 centimètres. Les graines

sont placées cinq ou six ensemble à l'araire,
ou dans des fossettes, à une distance un peu
moindre. Le semis en pépinière oblige à des
repiquages toujours chanceux dans notre climat, et qui donnent des racines fourchues et
moins longues, par suite de la mutilation du
pivot.

Les sarclages et les binages soità la houe
soit à la charrue, ne doivent pas être épargnés;
dès que la plante est assez forte on l'éclaircit,
pour n'en laisser qu'une seule à chaque place.

Plusieurs agronomes assurent que l'enlèvement des feuilles est nuisible ; ils veulent qu'il
n'ait lieu qu'au moment où la racine a acquis
tout son accroissement, et doit être bientôt
arrachée. Cette opinion, fondée sur les lois
de la physique végétale, ne saurait être com-
battue avec raison. Avant les premières gelées, les racines arrachées, parées, c'est-à-
dire débarrassées de la terre, des feuilles qui
restent, et même du collet, sont serrées dans
un lieu sec, à l'abri de la gelée, ou dans des
silos, où elles seconservent jusqu'au printemps.

Les moutons, les cochons, les bœufs et
les chevaux sont friands de cette nourriture
qui les entretient fort bien et les engraisse.

Il en est de même des résidus provenant des fabriques de sucre.

§ III. Les *raves*, *navets ou turneps* ne peuvent guère être cultivés dans le midi pour la nourriture du bétail. Serait-il prudent de compter, pour approvisionnement, sur une récolte qu'il faut semer au milieu de l'été , dans un pays où cette saison se passe souvent sans qu'il tombe une seule goutte d'eau ? Le semis fait au printemps aurait d'autres chances non moins défavorables. Cependant dans les années et les terrains qui se prêteraient à cette production, elle ne devrait pas être négligée ; car elle exige peu de soins, un simple labour et un sarclage ; elle épuise peu le terrain ; elle fournit une bonne provision d'hiver, pour tous les animaux et même pour la nourriture des hommes.

§ IV. Le *topinambour* se reproduit de ses racines presque sans soins , et dans toute espèce de terrains. Ses hautes tiges peuvent servir pour le fumier ou pour le feu. Les moutons et les cochons mangent très-bien ses tubercules , quoiqu'ils soient peu nourrissants.

Ces motifs paraissent plus que suffisants pour engager les cultivateurs à s'en servir pour utiliser quelques terrains ingrats. Il suffit de mettre des tronçons de racines en terre, après un seul labour ; car il est plus difficile d'en débarrasser le champ qui en a produit, que de le faire croître.

§ V. La *carotte* semble exiger des sarclages, des éclaircissages trop minutieux, pour être l'objet d'une culture en grand. Cependant il est des pays où sa récolte est assez abondante, pour nourrir beaucoup de cochons, et engraisser des troupeaux de moutons. La chair de ces animaux en acquiert un goût exquis. Elle est fort salutaire aussi pour les chevaux.

On la place ordinairement après les blés qui suivent un défrichement de luzernière. Aussitôt après la moisson, le champ est arrosé, et reçoit un léger labour qui déracine à peine les chaumes ; et l'on sème en rayons peu éloignés. Le produit est d'autant plus abondant, qu'on met plus de soins à sarcler, à éclaircir à plusieurs reprises, à biner, à donner de l'eau. En octobre on commence à arracher pour les besoins journaliers, et l'on continue ainsi, à moins qu'un hiver trop rigoureux ne force à enlever tout ce qui reste, pour le mettre à l'abri des fortes gelées.

CHAPITRE V.

Récoltes industrielles.

§ I.

La *garance* lors de son introduction dans le midi, qui date d'environ soixante à quatre-vingts ans, enrichit les cultivateurs qui eurent le bon esprit de l'adopter dès le commencement. Maintenant le profit qu'elle donne est souvent incertain, à cause du renchérissement de la main-d'œuvre et du fumier, et de l'abaissement du prix de cette racine.

Une bonne terre franche lui convient. Si cette terre contient beaucoup de chaux, (environ 40 p. 0/0) la racine donne cette belle couleur *rouge-vif*, si recherchée, qui augmente le prix d'un cinquième. A mesure que la proportion de chaux domine , la couleur passe aux nuances *rosé* et *jaune* , qui sont bien moins estimées.

Le terrain doit être béché ou labouré , à la profondeur de 40 à 50 centimètres, fumé s'il n'est pas bien fertile , et surtout s'il a déjà porté de la garance , ameubli par des binages et hersages répétés. Au mois d'avril on sème la graine en place , à la houe ou à l'araire et mieux encore avec le semoir-Hugues , par billons de quatre raies , distantes l'une de l'autre de 20 à 25 centimètres , en laissant entre chaque billon un vide d'un demi-mètre.

Dans les terrains qui ont déjà plusieurs fois produit cette récolte , et autres où l'on aurait à craindre que la graine ne levât pas bien , il est prudent de se servir de plans enracinés tirés de pépinières préparées l'année précédente dans cette intention , c'est-à-dire de semis faits plus dru qu'à l'ordinaire. On peut aussi employer les petites racines , mises à part , en arrachant la vieille garance , et conservée pour cet usage , en les tenant dans la terre. On couche ces racines très-rapprochées dans les raies ouvertes à la houe ou à la charrue et on les couvre de terre meuble.

Il faut employer par hectare 100 kilogram-
mesde graines, ou 2,000 kilogrammes de
plants enracinés.

Sarclez et binez soigneusement, c'est de
là que dépend le succès de la récolte.

A mesure que la plante s'élève, il est nécessaire de la butter avec la terre prise dans
les intervalles restés vides entre les billons.
Cette opération a lieu deux ou trois fois dans
le courant de l'été. Elle consiste à jeter sur
toute la largeur du billon une petite couche
de terre bien émiettée. A l'entrée de l'hiver,
on l'y met à pleine bêche, de manière à ca-
cher entièrement les plantes ; ce qui se répète
à pareille époque l'année suivante.

C'est la seconde année que la plante porte
sa graine ; on la recueille avec soin, à mesure
qu'elle se colore, soit en la ramassant à la
main, soit en fauchant la plante pour la transporter et la battre sur l'aire.

La fane (tiges et feuilles) de la garance est
un bon fourrage, lorsqu'on la fauche dans
son état de fraîcheur et de végétation. Celle
qui a porté la graine, devenue dure et sèche
a perdu de son prix et n'est guère propre qu'à
servir de litière.

On peut récolter la racine dix-huit mois
après l'ensemencement ou la plantation. Il y a
profit en quantité et en qualité, à la laisser
subsister un an de plus; et c'est ce qui se pratique assez généralement.

La partie de la culture la plus pénible et la
plus coûteuse est l'arrachement. En se servant
de la bêche, il ne faut pas moins de 180 à
200 journées d'hommes par hectare : c'est le
terme moyen. Avec une grande charrue à laquelle on attèle de huit, dix, douze chevaux,
le travail est moins coûteux et plutôt expédié;
mais ces avantages sont plus que compensés
par une perte considérable de racines, qu'il
est impossible d'éviter, quelque soin qu'y
mettent les hommes et les femmes en grand
nombre employés à la rechercher dans la terre, à la suite de la charrue.

La racine séchée sur place et secouée pour
la débarrasser de la terre qui y reste attachée,
est mise en tas dans lieu sec, en attendant la
vente. Elle perd par la dessication quatre cin-
quièmes de son poids.

§ III. Il est d'autres plantes tinctoriales,
propres à notre climat, qui, sans avoir la

même importance, pourraient servir à utiliser quelques terrains faibles, et à varier nos assolements.

La *morelle* qui donne une couleur bleue croît naturellement dans les vignes et les vergers d'oliviers. Les habitants du Grand-Gallargues, village du département du Gard, vont au loin en faire la récolte. On pourrait la semer et la leur vendre, ou mieux encore s'adonner à la préparation dont ils conservent le monopole, on ne sait trop pourquoi.

La *renouée tinctoriale*, plante annuelle, est annoncée comme renfermant un principe colorant propre à remplacer l'indigo. Quelques essais font espérer qu'elle pourra être cultivée avec fruit dans le midi. Une terre légère et fraîche lui convient. On la sème en rayons, afin de pouvoir la sarcler et la biner. Les feuilles que l'on cueille à plusieurs reprises, macérées dans l'eau chaude, déposent une fécule analogue à celle de l'indigo.

L'*orcanette* croît naturellement dans nos terres incultes surtout dans les sables. Elle a beaucoup perdu de son prix, depuis que la garance est connue et la remplace dans la plupart des usages auxquels elle était employée. Nos fabriques tirent de l'étranger la petite quantité qui leur est encore nécessaire; il nous serait facile de la leur fournir.

La *gaude*, autre plante indigène fort rustique, n'est cultivée que dans le Languedoc, elle pourrait l'être ailleurs. On la sème sur un simple labour, sans fumier, en mars, ou en juillet. Tous les soins se bornent à un seul sarclage. On récolte en juin celle semée l'année précédente, et en novembre celle du printemps. Après que la plante, restée quelques jours en javelles sur place, a été retournée plusieurs fois, on la met en bottes, pour la livrer au commerce. Elle donne une couleur jaune.

Le *pastel* ou *guède* se sème et se traite comme la renouée tinctoriale.

Le *carthame* ou *safran bâtard* fournit par ses fleurs, une couleur peu employée. Sa graine, fort abondante, pourrait être utilisée pour la fabrication d'une huile qui ne serait pas sans utilité. C'est encore une plante annuelle, grande, rustique et épuisante. Elle demande un bon terrein, de l'eau et du fumier.

Le *safran* est employé non seulement comme principe colorant, mais encore à beaucoup d'autres usages. Ce qu'on trouve sous ce nom

dans le commerce ne se compose que des stig-
mates ou aiguilles de la fleur de la plante du
même nom. Elle n'est cultivée dans le midi,
que par les habitants d'un petit nombre de villages du département de Vaucluse. Son oignon
mis en terre au mois d'août, en rayons assez
rapprochés, donne naissance en automne à
des fleurs qui se succèdent pendant quelque
temps. On fait la récolte tous les matins, en
cueillant les fleurs, dont on sépare ensuite
la partie fort peu volumineuse qui est la seule
employée et dont toute la préparation consiste
dans une dessiccation graduée. La plantation
se renouvelle tous les trois ans.

§ IV. Le *chardon* à foulon ou à bonnetier,
cardère, tient le second rang parmi les récoltes
industrielles du midi. Il n'exige ni culture parfaite, ni fumier, ni arrosement, et ses épis
sont estimés en proportion de la médiocrité
du sol qui les a produits.

On le sème en automne, aussi bien qu'au
printemps, soit sur les jachères, soit dans les
blés où l'on a laissé une raie vide, par intervalles, dans cette intention.

Si l'on a semé dans le blé, il faut se hâter,
aussitôt après la moisson, de donner une fa-

çon à la bêche ou à la charrue , à ces jeunes plantes qui ont été privées d'air et affamées par leurs voisines. Dans l'un et l'autre cas , lorsqu'elles sont assez fortes , on les éclaircit, de manière à ce que les pieds se trouvent éloignés de 40 centimètres. On a dû laisser entre les rayons un espace suffisant pour pouvoir les biner et les butter à l'approche de l'hiver.

Le chardon est bisannuel (vit deux ans) ; il prolonge quelquefois son existence au-delà de ce terme et jusqu'à ce qu'il ait produit les épis qui ne se montrent que la deuxième année , et dans les mauvais terreins et les saisons sèches , la troisième et même la quatrième.

Il est indispensable de retrancher l'épi de la tige du milieu , dès qu'il paraît ; il deviendrait trop gros , affamerait les autres et serait de rebut.

Sont considérés comme épis de première qualité , ceux qui ont au plus deux pouces de longueur et une couleur *blond doré* , qui s'obtient en faisant la récolte au point précis de maturité et en les préservant de la pluie.

§ V. Les plantes textiles , *chanvre* , et *lin* sont peu cultivées dans le midi. Les bonnes ménagères se faisaient gloire autrefois de fournir leur famille de linge fabriqué avec le chanvre qu'elles avaient cultivé, préparé, filé et fait mettre en œuvre. Cette coutume économique et regrettable disparaît devant le luxe et le bas prix des tissus de coton, dont l'usage est moins sain et moins avantageux.

Ces deux plantes, contre l'usage adopté pour toutes les autres, se sèment en beaucoup d'endroits, toujours à la même place qui leur est affectée, qu'on nomme chenevière, et qui par conséquent doit être prodigieusement engraissée. Des sarclages et des arrosements sont tous les soins qu'elles exigent.

Le lin est arraché aussitôt qu'il jaunit.

La récolte du chanvre se fait en deux temps, d'abord le mâle (celui que l'on désigne vulgairement comme femelle) aussitôt qu'il commence à défleurir, et la femelle (mal à propos appelée mâle) lorsque la graine est mûre.

L'un et l'autre se lient en bottes qui restent amoncelées pendant quelques jours; on les place ensuite dans l'eau, pour les faire *rouir*. Lorsque la filasse se détache de la tige boiseuse, le rouissage est terminé. On tire les bottes de l'eau, pour les laver et les faire sècher ; et il ne reste plus alors qu'à tailler, ou à la main, ou à l'aide d'un instrument appelé *sérançoir* ou *broie*, à peigner et à filer.

§ VI. Les plantes oléagineuses sont vues avec défaveur, dans les pays à oliviers. Cependant on s'est livré à quelques essais de culture du colza.

Il trouve dans le midi des circonstances défavorables. L'ardeur du soleil précipite la végétation ; une partie des fleurs avorte ; les siliques (enveloppes des graines) du haut de la tige se dessèchent et souvent avant que les autres soient pleines ; si l'on veut attendre la maturité de ces dernières, les graines des premières, qui sont les meilleures, se perdent.

Il y a deux espèces, une d'hiver et une de printemps. La première peut être semée en automne, en place, ou en pépinière pour repiquer ; la seconde au printemps et toujours en place, en rayons ou à la volée.

La maturité des graines marquée par la couleur brune qu'elles prennent, indique le moment d'arracher les plantes. Les bottes qu'on en forme restent en meules quelques jours, afin que la maturité des graines s'y accomplisse. Elles sont ensuite étendues sur l'aire, battues au fléau et nettoyées.

Les *navettes* d'été et d'hiver se traitent de même.

Les graines de la plupart des autres plantes de la classe dite des crucifères, telles que les diverses espèces de *choux*, de *raves* ou *navets*, la *moutarde*, le *cresson alénois*, etc. contiennent aussi de l'huile qu'on pourrait extraire, de même que le *tourne-sol* et le *pavot* ou *œillette*.

Le ricin ou palma-christi est encore une plante oléagineuse, arborescente en Afrique d'où elle est originaire, et annuelle pour nous. Elle acquiert de grandes dimensions, et elle exige du fumier et des cultures en proportion. On la sème au printemps; la graine mûrit en automne. Son huile, uniquement employée en médecine, pourrait servir à l'éclairage, si cette culture était plus répandue.

Il est une autre plante oléagineuse qui conviendrait à notre climat, c'est l'*arachide* ou *pistache de terre*. Sa silique, de la forme et du volume d'un petit cocon de ver-à-soie, renferme deux amandes pareilles à des noisettes et qui contiennent beaucoup d'huile.

Un terrain chaud et un abri lui sont nécessaires. Le semis a lieu en avril. Lorsque les fleurs commencent à passer, les branches qui les portent se courbent vers la terre, pour s'y enfoncer. C'est là que la silique se forme et mûrit. L'huile qu'on en retire est un peu gluante, mais de bonne qualité.

§ VII. La culture du tabac est interdite dans la plupart des départements du midi. L'intérêt de l'agriculture exigerait qu'on la permît.

On seme en pépinière en mars; on repique en mai, lorsque le jeune plant a quatre ou cinq feuilles, dans un sol riche et arrosable, ou naturellement humide, et cultivé avec autant de soin qu'un jardin. Les feuilles cueillies au point convenable de maturité sont séchées à l'ombre, mises en paquets, pour être livrées aux manufactures.

TROISIÈME PARTIE.

Culture des arbres.

CHAPITRE PREMIER.

Nécessité des plantations, pépinières.
Divers modes de multiplication des arbres.

§ I.

Les arbres sont la parure de la terre. Rien n'est triste comme un espace vide et désert, où l'on ne découvre pas un arbre qui en rompe la monotonie et sous lequel on ne puisse trouver un peu d'ombre. Rien aussi n'est plus agréable et plus productif qu'un terrain convenablement boisé.

Dans le midi, les plantations ont une utilité de plus ; elles rompent la violence des vents ; elles sont pour les récoltes un abri protecteur, utile à toutes, indispensable à quelques unes.

§ II. Mais le cultivateur plante rarement ,
s'il n'a pas une pépinière chez lui. Il redoute
les frais d'achat , de transport , les erreurs
des marchands , les accidents de la route, etc,
il renvoie d'une année à l'autre. Le temps se
passe et ses champs restent nus et dégarnis.

Tout propriétaire soigneux doit avoir sa
pépinière qui lui fournisse de quoi entretenir
ses plantations et en faire de nouvelles. D'ailleurs les arbres habitués au sol et au climat ,
arrachés avec soin , plantés sans retard , sont
d'une reprise plus assurée.

Il consacrera à la pépinière une petite étendue de terre de qualité médiocre ; il la peu-
plera de quelques arbres fruitiers et surtout
des arbres de produit cultivés dans la ferme,
tels que mûriers , amandiers , oliviers , et
d'arbres forestiers appropriés aux diverses
natures de sol. Elle doit être en tout temps
propre et bien cultivée.

§ III. La multiplication des arbres a lieu ou
par *semis* , ou par *boutures* , (branches mises
en terre sans racines) ou par *marcottes* , (branches couchées en terre , sans être séparées
du tronc) ou par *rejetons* , qui naissent sur les

vieux pieds. Leur changement d'espèce s'effectue par la *greffe*.

§ IV. Les *semis* de graines dures, osseuses, des noyaux, se font à l'entrée de l'hiver; les autres au printemps.

Plus les graines sont petites, moins elles doivent être enfoncées. Il est utile que la terre soit maintenue fraîche, et à l'abri du hâle par des couvertures en paille, en herbes fraîches, en gros fumier, et des arrosements à défaut de pluie.

Les noyaux et les amandes doivent être semés la pointe en bas.

La moindre négligence à éclaircir, à nettoyer, à biner, arrêterait les jeunes plants dans leur accroissement.

§ V. La *bouture* est principalement employée pour multiplier les arbres à bois blanc, à grosse moelle; elle se fait au moment où la sève va se mettre en mouvement, et d'ordinaire, avec du bois de l'année. L'ombre et la fraîcheur en favorisent la reprise.

Quelquefois les boutures se font à demeure, avec des branches de toute grandeur. C'est ainsi qu'on plante les saules, les peupliers; et d'autres par petites branches comme le figuier, la vigne, le cognassier, le sureau pour haies, le mûrier sauvageon et celui des Philippines. En pépinière, on n'emploie que le bois de l'année, avec un bourrelet formé par le talon du bois de l'année précédente autant qu'on le peut.

On enfonce la bouture dans une terre bien meuble, à la profondeur de sept à huit pouces, en laissant sortir un ou deux bourgeons au-dessus du sol. Elle sert à multiplier le platane, le cognassier pour greffer, le mûrier sauvageon, etc.

§ VI. La *marcotte* n'est en usage que pour la vigne et des arbres et arbrisseaux d'agrément ; elle consiste à coucher une branche dans la terre, sans la séparer de la mère, à faire sortir l'extrémité au-dessus du sol et à la redresser en l'assujetissant à un tuteur ; ou bien on se contente de la faire passer dans un pot à fleur, rempli de terreau et convenablement suspendu et assujeti. Quelquefois on fait une ligature, des entailles, ou bien on enlève un anneau d'écorce à l'endroit de la courbure, pour faciliter la formation d'un bourrelet qui donne naissance aux racines.

Elle ne peut guère se passer d'arrosements

fréquents, surtout dans le cas où elle est pratiquée dans un pot à fleur. Après qu'on s'est assuré que la marcotte a poussé suffisamment de racines, on la détache de la mère, pour la mettre en pépinière ou en place, suivant sa force.

§ VII. Les rejetons ne peuvent être mis à profit, qu'autant que l'arbre qui les a produits n'a pas eu besoin de la greffe, ou qu'ils naissent au-dessus d'une greffe pratiquée en terre. Il suffit de les détacher avec des racines et de les mettre en pépinière ou directement en place, suivant leur nature et s'ils sont assez forts. C'est ainsi que se multiplient le figuier, le prunier, le groseillier et l'olivier, etc. Ils exigent en pépinière les mêmes soins que les autres jeunes plants.

§ VIII. Les arbres venus de semis ou de rejets sont la plupart retournés à l'état sauvage ; il faut les greffer. On ne le fait avec succès qu'autant qu'il y a un certain degré d'analogie entre ce sauvageon et l'espèce perfectionnée qu'on lui impose.

Trois espèces de greffes suffisent à notre pépinière champêtre, savoir: celles en *fente*, en *écusson*, en *flûte*.

La greffe en *fente* se pratique au milieu de mars, avec des jeunes pousses de l'année, portant deux ou trois yeux, coupées long-temps d'avance, et tenues à l'ombre et au frais dans la terre, taillée en coin par le bas, sur un pouce de longueur, (comme on voit *fig*. 1re) placées dans une fente pratiquée verticalement (*fig*. 2) sur le sujet rabaissé à cet effet, et ajus-tées de manière que les secondes écorces de l'une et de l'autre se raccordent exactement. (*fig*. 3 et 4.)

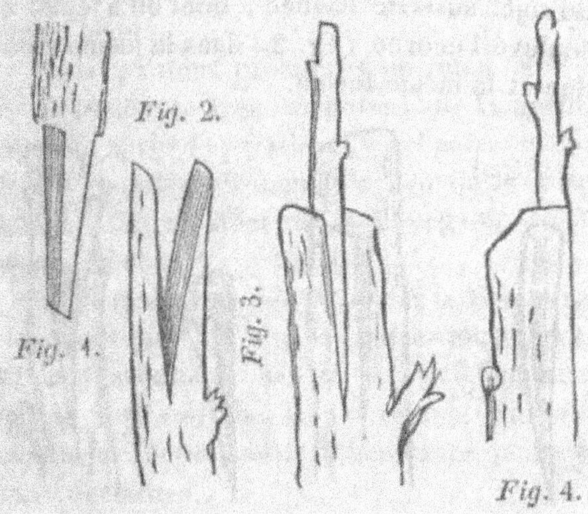

7

Si la grosseur du sujet le permet, il est bon de placer deux greffes dans la fente, une sur chaque bord, afin de multiplier les chances de succès.

On couvre la plaie d'un mastic composé de cire, de poix, d'huile et de graisse, appliqué chaud, à l'état liquide, préférable à la boue qu'on emploie ordinairement.

La greffe en *écusson* se fait en levant, sur une branche de l'année prise sur l'arbre qu'on veut obtenir, un petit triangle d'écorce garni d'un œil (*fig.* 1) et en l'appliquant sur le bois du sujet aussi de l'année, dont on a fendu et soulevé l'écorce, (*fig.* 2.) dans la même étendue et la même forme.

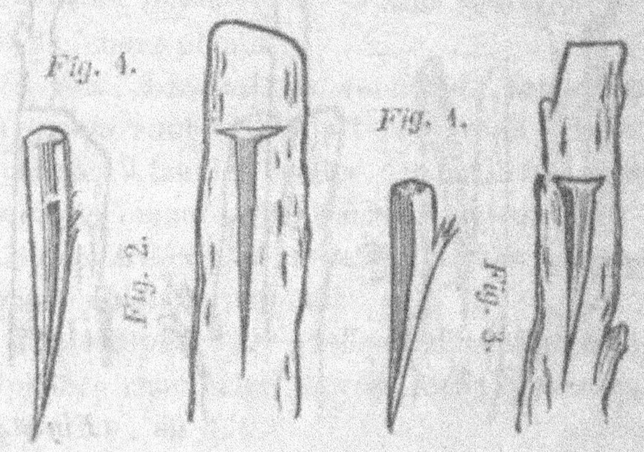

Après quoi il ne reste plus qu'à assujétir l'écusson par plusieurs tours d'un lien de laine, ou d'écorce, sans couvrir l'œil.

On pratique cette greffe à trois époques différentes :

En mars avec des bourgeons de l'année précédente, non encore épanouis.

En juin avec l'œil du printemps qui pousse tout de suite.

En août avec un œil qui ne se développera qu'au printemps suivant. Cette dernière reçoit la dénomination particulière de greffe à *œil dormant* à cause de l'espèce d'inaction qui dure tout l'hiver.

Dans les deux premières on rabat le sujet à un pouce environ au-dessus de la greffe, aussitôt après l'opération. Dans l'autre au contraire ce retranchement n'a lieu qu'au printemps, au moment où le bourgeon donne signe de vie.

On ne manquera pas de porter la plus grande attention à ce que la greffe soit pourvue à l'intérieur du *cœur de l'œil* (*fig.* 4). Il faut aussi que la sève soit bien en mouvement, que l'écusson et l'écorce se détachent sans peine et sans déchirure.

La greffe en *flûte* est expéditive, solide et assurée. C'est presque la seule usitée et la plus convenable, sous tous les rapports, pour le mûrier et l'amandier.

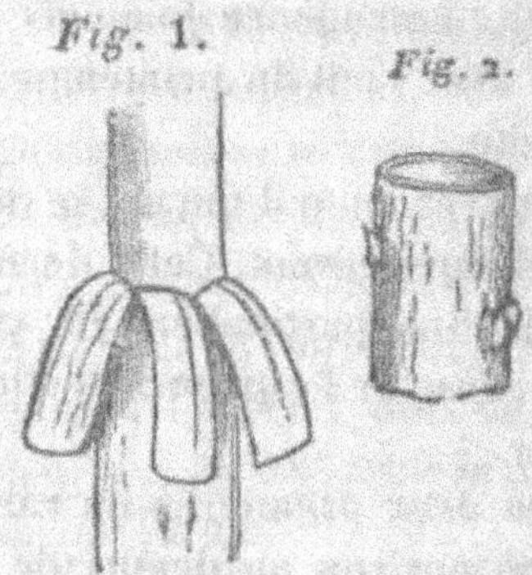

Vers le milieu de juin, au moment où l'arbre est en pleine sève, et où l'écorce se détache facilement, on rabat une jeune pousse de l'année à deux ou trois travers de doigt; on met l'extrémité du bois à nu, en détachant l'écorce en plusieurs lanières, sur un pouce de longueur (*fig.* 1). Elle est immédiatement remplacée par un anneau d'écorce de même dimension (*fig.* 2), portant un œil, et pris sur une branche de l'arbre qu'on veut multiplier.

Les greffes ont besoin d'être surveillées, soutenues par des tuteurs contre les efforts du vent, débarrassées du sauvageon qui repousse sans cesse, et celles en écusson déliées à mesure que l'écorce renfle.

§ VIII. Deux ou trois ans après, l'arbre se trouve assez fort pour être mis en place.

C'est des soins qu'on apporte à la plantation que dépendent l'existence future de l'arbre, la rapidité et la proportion de son accroissement.

En levant l'arbre de la pépinière, on ne saurait trop ménager les racines, les conserver dans toute leur longueur, et les garantir du hâle. La fosse qui le reçoit a dû être creusée d'avance ; elle ne saurait être trop large. Elle pèche presque toujours par le défaut contraire.

Dans le midi et les terrains secs, il convient de planter en automne, ou au commencement de l'hiver. Dans les terrains humides au printemps. Le mûrier fait seul exception. L'expérience prouve qu'en toute terre et en tout pays , le moment le plus favorable pour le planter est celui où il va entrer en sève.

Un arbre planté trop profondément est pour cette cause privé de chaleur et d'humidité. Il végète faiblement , et le plus souvent il pousse de nouvelles racines sur la partie du trou qui est enterrée. Néanmoins , dans les terrains sablonneux, il n'y a pas d'inconvénient à enfoncer un peu plus l'arbre , afin qu'il soit moins exposé à souffrir de la sécheresse , et qu'il résiste mieux au vent.

Autant il est utile de tasser la terre au pied des arbres qu'on plante , afin qu'il n'y reste pas de vide , autant il est absurde de la piétiner , la fouler à outrance , comme on le fait trop souvent.

CHAPITRE II.

Mûrier.

Voici l'arbre le plus précieux du midi. Aucun autre n'offre autant d'avantages. On connaît le prix de sa feuille de printemps ; celle d'automne séchée est un bon fourrage. De son écorce on tire une filasse qui approche de la soie. Son bois est excellent pour la menuiserie et la tonnellerie. Dans le midi, il remplace le chêne.

On cultive une dixaine d'espèces ou variétés :

1°. Mûrier *sauvageon*, mûrier blanc non greffé. C'est l'espèce primitive. L'arbre croît lentement, mais il dure long-temps. Sa feuille est fine, donne la plus belle soie et en plus grande quantité. On ne le plante plus maintenant qu'en haie, dont le produit sert à nourrir les vers-à-soie, à leur premier âge.

2°. Mûrier *feuille rose*, feuille fine, très-estimée. Elle supporte difficilement le vent, la poussière et la moindre gelée.

3°. Mûrier *blanc à petit fruit noir*, un peu moins de finesse, et pour le reste les mêmes inconvénients que le précédent.

4°. Mûrier *feuille à queue rouge*, moins fine, résistant mieux aux intempéries.

5°. Mûrier *feuille de Cabannes*, encore moins fine, ayant plus de corps. Arbre de belle végétation, mais de courte durée, propre aux terres fortes.

6° Mûrier *feuille parchemin*, même qualité que le précédent ; feuille encore plus forte.

7°. Mûrier *feuille d'Espagne*, feuille grossière, rugueuse ; cultivé seulement dans les montagnes, où il resiste mieux que les autres à la gelée.

8°. Mûrier *multicaule*, des *Philippines*, ou *Perrotet*, feuille fine, très-large, précoce ; peu propre au midi, à cause de l'ampleur de ses feuilles qui donnent trop de prise au vent, de sa précocité qui l'expose aux gelées du printemps, de l'humidité qu'il exige. Son croisement avec nos anciennes espèces a produit de nombreuses variétés, qui conservent les avantages de l'espèce primitive , sans en avoir les défauts.

9°. Mûrier *intermédiaire* ou du *Japon* , de même origine que le précédent. Feuille fine , lisse , de grandeur moyenne , trop précoce , souvent atteinte par la gelée.

10°. Mûrier *à gros fruit ou des dames* , cultivé seulement pour son fruit.

Tous les mûriers se multiplient de graines. Le multicaule et l'intermédiaire viennent en outre de boutures ; celles du sauvageon , faites de bois de l'année, manquent rarement.

Pour se procurer la graine , il n'y a qu'à cueillir des fruits bien mûrs ; (le sauvageon en donne beaucoup) les écraser dans un baquet rempli d'eau , laisser déposer , ensuite faire écouler l'eau. La graine reste au fond.

La prudence prescrit de ne la semer qu'à la mi-avril, lorsqu'il n'y a plus de gelée à craindre , en bonne terre bien préparée , où il suffit de tenir le jeune plant sarclé et arrosé.

Il acquiert la première année cinquante centimètres de hauteur.

Il est bon à transporter , l'année suivante , en pépinière , à soixante-quinze centimètres en tout sens, dans une terre arrosable, soigneusement cultivée, largement fumée.

En juin de la même année, les plants qui ont acquis la grosseur d'un tuyau de plume à écrire reçoivent la greffe en flûte, rez-terre. Ceux qui ne sont pas assez forts, attendent l'automne, ou l'année suivante. Dans ce dernier cas, on les rabat dans le courant de l'hiver, afin qu'ils poussent de nouveaux jets, propres à être greffés de la même manière.

La tige doit se former d'un seul jet. Si elle n'a pas cinq à six pieds pour les grands arbres, trois pour ceux à demi-tige, on est forcé de les rabattre sur deux yeux dont on conserve ensuite le plus fort et celui qui est le mieux placé. Il pousse alors avec une vigueur suffisante pour atteindre en une seule année la hauteur requise.

Les nains n'exigent que six pouces de tige, au dessus de la greffe.

(Pour ce qui est du temps et de la manière de planter, voyez pag. 77.)

Les mûriers à haute tige sont presque tous plantés en bordure, autour des terres à blé. Autrefois ils y venaient assez bien. S'ils souffraient un peu l'année où la terre était en récolte, ils pouvaient se refaire durant la jachère qui suivait. A présent on sème après le blé, du sainfoin, de la luzerne, de la garance, des chardons. Pendant la durée de ces plantes, l'arbre ne reçoit plus de culture; il est affamé par des voisins avides, il dépérit, il succombe en peu de temps.

Il est indispensable, dans notre système actuel de culture, et plus encore dans la prévision des perfectionnements qu'il attend, de consacrer aux mûriers des terrains particuliers, où ils vivent seuls, où rien ne puisse leur nuire. On doit les y planter en quinconce, à une distance proportionnée à la hauteur qu'on leur laisse prendre.

Par plusieurs motifs, la préférence est accordée aux mûriers nains, qui se contentent de terrains où ceux à haute tige ne pourraient pas croître, qui, dans peu d'années, sont en plein rapport, et qui donnent beaucoup de feuille.

Les terres fortes, argileuses, sont peu propres à cet arbre. Il préfère celles qui sont légères, pierreuses et un peu sèches. Le multicaule seul exige un terrain frais.

On plante les hautes tiges en bordure,

comme en quinconce , à dix ou douze mètres
de distance , dans des fosses de deux mètres
en carré ; et les demi tiges , à huit ou neuf
mètres seulement.

La distance la plus convenable pour les
nains est de quatre mètres en tous sens. Si, au
lieu de faire des fosses , on défonce la terre
en entier , il n'en coûte guères plus , et l'arbre
s'en trouve beaucoup mieux.

La taille est la partie la plus difficile et la
moins connue de la culture du mûrier. Elle a
un but tout opposé à celle des arbres fruitiers.
Dans celle-ci on cherche à obtenir beaucoup de
fruit et peu de bois. Celle du mûrier ne tend au
contraire qu'à faire pousser beaucoup de bois.

La première année après la plantation , tout
le travail se borne à choisir trois ou quatre
jets les mieux placés et les plus vigoureux ,
pour former les mères branches , ou la charpente de l'arbre, à les rabaisser d'autant moins
qu'ils sont plus forts , à trois ou quatre
boutons ordinairement. Si l'arbre n'a poussé
que faiblement , il vaut mieux ne pas y toucher pour cette fois.

La deuxième année , on conserve alternativement tantôt une , tantôt deux pousses sur

chaque branche, pour augmenter ainsi peu à peu le volume de l'arbre.

Les années suivantes on agit d'après les mêmes principes, en cherchant à donner une forme régulière à l'arbre, à multiplier les branches sans confusion, à le garnir également dans toutes ses parties.

Les mêmes règles s'appliquent au mûrier nain, avec cette seule différence qu'il faut le tailler plus court. L'emploi du sécateur, instrument tranchant en forme de pince, facilite cette opération et abrège le temps.

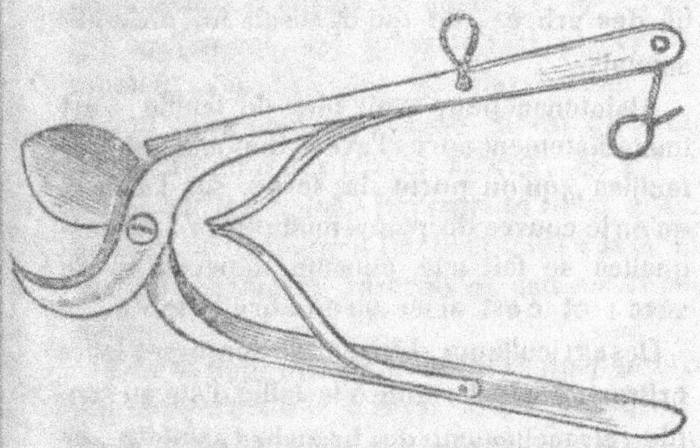

Tous ces arbres sans distinction doivent être taillés chaque année, jusqu'à ce qu'ils soient formés, et ensuite de deux ans l'un. Les nains exigent cette continuation de taille annuelle, durant toute leur existence. C'est une dure nécessité, à laquelle il a été jusqu'à présent impossible de les soustraire.

Autrefois on attendait pour les tailler que le mouvement de la végétation fût arrêté, ce qui arrive au commencement de l'hiver. Les arbres ainsi traités donnaient peu de feuille l'année suivante ; mais il se conservaient sains et vigoureux et ils duraient long-temps. Chaque année on taillait la moitié des arbres, ce qui égalisait les produits annuels.

Maintenant pour avoir plus de feuille, c'est immédiatement après l'avoir dépouillé de ses feuilles, qu'on porte la serpe sur l'arbre, qu'on le couvre de plaies multipliées, par lesquelles se fait une énorme déperdition de sève ; et c'est ainsi qu'on abrège sa vie.

Des agriculteurs, désireux de conserver leurs arbres, doivent réduire la taille d'été au simple retranchement des branches mutilées, de quelques unes qui viennent mal, ou sont mal placées, et renvoyer les grandes soustractions à l'hiver, c'est-à-dire au temps où la circulation de la sève est suspendue.

Dans quelques cantons, la taille n'est pratiquée chaque année que sur le tiers des mûriers, et à la fin de l'automne. L'année suivante ces arbres ne sont pas dépouillés. Les deux autres tiers qui n'ont pas été touchés donnent autant de feuilles que l'aurait fait la totalité conduite à la manière ordinaire; les arbres sont plus beaux et durent davantage.

Une autre opération trop peu connue, bien que non moins essentielle, est l'*ébourgeonnement*. Il consiste à abattre, avec l'ongle seulement, les boutons mal placés, au moment où ils vont se développer, et avant que la feuille paraisse. Il est de toute nécessité pour les jeunes arbres, et à tout âge pour les nains. Il dispense d'un grand nombre de plaies qu'il faudrait faire à la taille, et qui seraient un surcroît de causes d'épuisement.

Les champs plantés en mûriers doivent être labourés trois fois chaque année, en hiver, puis en mai aussitôt que la feuille est cueillie, et que les arbres sont taillés, et enfin au mois d'août. Il faut en outre bécher en hiver les pieds des nains, dont la charrue ne peut pas approcher, et les biner en mai. Une fumure de temps en temps, soit en plein, soit au pied des arbres, leur est extrêmement profitable. Le sarrasin enfoui en vert, pourrait leur en tenir lieu. Toute association d'autre récolte en sera exclue rigoureusement. On pourrait seulement se permettre d'y semer un peu d'orge pour faire pâturer sur pied par les troupeaux, et qu'on enterrerait à la charrue en avril, sans le laisser monter en épis.

La récolte de feuille des mûriers nains peut être faite dès la quatrième année qui suit la plantation. Ceux à hautes tiges qui se forment plus lentement ne doivent être dépouillés que la cinquième ou sixième année.

CHAPITRE III.

Vigne.

La *vigne* occupe la 5e et la plus mauvaise partie des terres du midi, qui devient par ce moyen l'une des plus productives. C'est l'unique ressource de plusieurs cantons, le principal objet d'exportation pour beaucoup d'autres.

Les côteaux en pente au midi se présentent en première ligne, comme les emplacements les plus favorables. Dans les bas-fonds on obtient du vin en plus grande quantité, surtout si l'on fume, mais de qualité inférieure et propre seulement à être converti en eau-de-vie.

Une vigne devant durer près ou plus d'un siècle, il est convenable de donner à sa plantation des soins qui permettent d'espérer qu'elle se conservera long-temps en bon état de production.

Un défoncement à la bêche ou à la charrue lui est nécessaire. Le premier, extrêmement dispendieux, n'est praticable que sur de petites étendues et pour le cultivateur qui fait ou conduit lui-même son ouvrage.

Dans les autres cas, la charrue devient préférable, si la nature et la configuration du sol lui permettent de fonctionner librement.

La profondeur à donner à ce labour ne pèche jamais par excès. Pratiqué à la bêche, il atteint ordinairement cinquante centimètres. Il est reconnu maintenant que la moitié suffit et on l'obtient avec une charrue attelée de quatre ou six mulets. Des vignes plantées de cette manière subsistent depuis plus d'un demi-siècle, et donnent des produits satisfaisants.

On plante ou en quinconce, c'est-à-dire en plein, ou en allées, *ouillères* entre lesquelles on sème des céréales, des légumes.

La distance entre les ceps varie d'un à deux mètres, et celle des allées de deux mètres à huit ou dix.

La plantation en allées présente plusieurs inconvénients : elle embarrasse une grande étendue de terrain ; l'intervalle même le plus large ne permet pas de croiser les labours , ce qui les rend imparfaits. La vigne souffre du voisinage de la plupart des plantes qu'on lui associe.

Il y a plus d'avantage, sous tous les rapports, à consacrer uniquement à la vigne , une étendue suffisante de terre convenable , à l'y cultiver seule , en réglant l'espace entre les ceps, suivant qu'on veut la labourer à la bêche ou à la charrue. Dans le premier cas , un mètre à un mètre vingt-cinq centimètres suffisent. Dans le second , tout en donnant une largeur suffisante pour que la charrue puisse passer facilement, on a l'attention de ne pas se priver , par un trop grand éloignement , de la faculté de faire des provins. Un mètre soixante-quinze centimètres ou deux mètres satisfont à l'une et à l'autre nécessité.

Lorsqu'on plante en allées , on se contente quelquefois de creuser un fossé d'un mètre de largeur, sur chaque bord duquel est placée une rangée de boutures. Les intervalles restés en friche sont labourés à leur tour, l'année ou les années suivantes , à mesure que les racines s'étendent. La dépense se trouve ainsi répartie entre plusieurs années.

Planter à *trou-de-loup*, c'est-à-dire pratiquer à des distances égales des trous de vingt-
cinq centimètres de profondeur et de diamètre, dans chacun desquels on place un
cep, c'est la pire de toutes les méthodes.

Que la culture se fasse à la bêche ou à la
charrue, la manière de placer la bouture en
terre ne diffère pas. L'usage général est de
la courber dans la fosse, pour multiplier les
chances de reprise, en proportion du plus
grand nombre d'yeux en bourgeons qui se trouvent recouverts de terre, et qui donnent ainsi
naissance à autant de racines, sans cependant
les mettre à une profondeur telle qu'une partie du sarment ne pût profiter des influences
de la culture et de l'atmosphère; cette partie
privée de vie, atteinte de chancre ou de pourriture, nuirait à la végétation du cep et en
abrégerait la durée.

Dans les propriétés de peu d'étendue,
comme dans celles qui n'offrent pas de terrain
convenable, on se procure une récolte abondante de raisins, en plantant une rangée de
ceps autour des terres à blé. Ces ceps bien
aérés profitent des labours et des engrais
donnés à la terre, et produisent beaucoup,

sans grand embarras et presque sans dépense.

Les époques les plus convenables pour planter sont : l'hiver , dans les terrains secs , le
printemps dans ceux que pénètre une trop
grande humidité.

Les plants (sarments , boutures ou crossettes) pris de préférence dans des terrains ana-
logues à celui où l'on veut établir la nouvelle
vigne, doivent autant que possible être garnis de la *crossette* , reste du bois de l'année
précédente formant un bourrelet , qu'on
nettoie jusqu'au vif, et d'où naîtront les racines.

Dans le très-grand nombre d'espèces ou
variétés de vignes connues, chaque propriétaire en trouve facilement qui conviennent au
climat et au terrain dans lequel il veut planter.

Le *terret* forme la base des vignes dans les
terres sèches et légères ; le *novembre* (mou-
reide ou mourvède) dans les terres fortes.
On ajoute en nombre modéré , à l'un et à l'autre , le *pique-poule (picapoulo)* , la *belle-braue*
(ou plant de Bordeaux) bons et productifs ; le
marroquin (ou espanien) très-bon à manger ;
le *grenache* (ou plant de Roussillon) , pour

donner la couleur, mais en petite quantité, sans quoi le vin serait doux, épais, long à se faire. Quelques raisins blancs, la *doucinelle*, *lani-blanc*, *l'assadoule-bouyer* y sont admis dans la vue d'adoucir le moût, etc.

Pour avoir du vin blanc, on cultive à part les raisins blancs ci-dessus, auxquels on ajoute le *picarlan* ou *picardan* qui, récolté seul, fait un vin sec et pétillant; la *clairette*, qui occupe de grandes étendues. Celle-ci donne un vin blanc très-estimé, doux dans les terres argileuses, et sec dans les autres. Elle s'accommode des terrains les plus légers.

Pour la table, on élève en espalier ou en tonnelle le *morillon hâtif* (jouanen), le *raisin de la Madeleine*, espèce analogue au *chasselas*, les *muscats blanc*, *noir et d'Espagne* ou de *Malaga*, etc.

L'*olivette* et la *clairette* fournissent les provisions d'hiver. La *pance sans pepin* sert à préparer les raisins secs qui sont l'objet d'un grand commerce pour quelques communes du littoral.

La plantation des crossettes exige les mêmes soins que celle des autres boutures. Placées dans une terre suffisamment ameublie et pas trop sèche qui ne laisse point de vide autour des pieds , elles manquent rarement de pousser.

Quelques vignerons se servent de plants enracinés. Il n'y a pas grand avantage. Seulement la reprise est un peu plus assurée ; mais le jeune plant souffre de la transplantation , de sorte qu'il ne prend que peu ou point d'avance sur la bouture simple.

Les façons à donner à la vigne consistent en un béchage ou labour profond en hiver , et un binage au printemps. Tant que la vigne est jeune , ce dernier travail est répété aussi souvent que la terre se couvre d'herbes. Des labours légers et successifs pendant la grande chaleur sont le moyen le plus sûr et le plus économique de détruire le chiendent.

La taille de la vigne s'effectue annuellement de novembre en mars , d'après les principes suivants :

La violence des vents force à tenir les ceps fort bas.

La première année , ne conservez que le meilleur jet, ordinairement le plus bas ; reduisez-le à un seul bourgeon.

La deuxième, ne laissez encore qu'un seul jet, mais à deux yeux.

La troisième, pour commencer à donner la forme à la souche, établissez-la sur trois jets ; c'est ce qu'on appelle *seller* ou *enseller*.

La quatrième et suivantes, à mesure que la souche prend de la force, laissez pousser trois ou quatre et jusqu'à cinq branches, portant chacune un sarment, qu'on taille à deux yeux (la *bourre* et le *bourrillon*). Toutefois ayez égard à la vigueur du cep, à la nature du terrain, à l'espèce de vigne.

A chaque taille on ne saurait mettre trop de soin à enlever de très-près les pousses faibles qui naissent au bas de la souche, souvent dans la terre, ou autour et au-dessous des branches qu'on laisse.

Pendant les premières années les remplacements n'ont lieu qu'au moyen de boutures enracinées mises en réserve pour cet objet. Dans la suite, à mesure que les sarments s'allongent, on y procède au moyen des *provins*. Après avoir fait choix, parmi les souches environnantes, de la plus vigoureuse et la mieux disposée à ployer, on creuse une fosse d'un pied de profondeur de cette souche à la

place vide ; on l'y couche dans toute sa longueur , en laissant sortir à la place qu'elle oc-
cupait l'un des deux seuls sarments qu'on a
conservés , et l'autre à l'endroit où le cep
manquait ; ils sont ensuite taillés à deux
yeux , redressés au moyen d'un tuteur , et ils
donnent la même année des fruits en abondance.

La *marcotte simple*, appelée ici *larron*, sert
aussi aux remplacements. Elle se fait en cou-
chant dans la terre un sarment tenant à la
souche et de longueur suffisante , dont on re-
lève l'extrémité à l'endroit dégarni. L'année
suivante , il a poussé des racines qui permettent de le séparer de la mère. Son effet n'égale
jamais celui du provin.

Pour renouveler les vignes vieilles , il suffit de couper la souche au collet des racines.
C'est un usage commun dans quelques vignobles du nord , où l'on rajeunit ainsi chaque
année le quart des ceps. Il est à peine connu
ici.

Si l'on veut changer l'espèce , la greffe en
fente pratiquée à fleur de terre en donne le
moyen. Elle n'est pas moins utile pour rajeunir
la vigne.

9

Le raisin étant parvenu à maturité parfaite, ce qui a lieu à la fin de septembre, il est temps de s'occuper de la vendange. Les fruits pourris, salis par la terre, encore verts, sont rejetés avec soin, les autres foulés, écrasés, soit avec les pieds, soit au moyen de machines qui abrègent l'ouvrage. L'enlèvement d'une partie ou de la totalité des grappes ou *rafles* contribue dans quelques vignobles à la bonne qualité du vin. La vendange déposée dans la cuve y reste jusqu'à ce que la chaleur diminue, que le chapeau s'affaisse et que le vin soit coloré, dépouillé, qu'il ait perdu le goût du moût.

La fermentation continue dans les tonneaux. Les matières étrangères que le vin contenait sont rejetées sous forme d'écume. Pour seconder cette utile dépuration, il est nécessaire de réparer le vide qui s'y forme journellement. Lorsque la fermentation a cessé, il ne reste plus qu'à boucher les tonneaux, et si l'on tient à la qualité, à soutirer en février.

Le vin blanc va directement du *fouloir* au tonneau. C'est là que toute la fermentation s'opère. Il en sort des écumes abondantes dont on favorise l'expulsion, en tenant la pièce toujours pleine. Tout le secret pour l'avoir clair et limpide, est de le transvaser à plusieurs reprises, surtout en février.

CHAPITRE IV.

Olivier.

La zône de l'olivier, disent les agriculteurs, s'étend à dix ou à douze lieues de la Méditerranée. On peut ajouter qu'elle ne cesse depuis long-temps de se rétrécir, soit que véritablement le climat se refroidisse, soit que les cultivateurs, découragés par les mortalités fréquentes qui frappent cet arbre précieux, le négligent et finissent par l'abandonner, aimant mieux consacrer leurs terres et leurs fumiers à des récoltes moins incertaines.

Par les soins du gouvernement ami et protecteur de l'agriculture, nous allons posséder *l'olivier de Crimée* qui, dit-on, résiste à 14 degrés de froid.

Les champs exposés au midi, abrités du nord par des montagnes, quoique pierreux, lui conviennent mieux que tous les autres. Ce n'est pas qu'il s'y trouve à l'abri de tout danger ; car il y est quelquefois exposé plus qu'ailleurs aux effets pernicieux du passage subit du dégel produit par les rayons du soleil, à une nouvelle gelée qui suit immédiatement, ce qui n'a pas lieu aux endroits moins abrités.

Cet arbre ne se refuse à aucun moyen de multiplication. Semis, rejets, marcottes, boutures par branches ou par racines, tout sert à le reproduire. Néanmoins il n'existe pas de pépinière. Il est vrai qu'on n'a guère besoin de recourir à des moyens artificiels de réproduction. Les rejets nombreux qui naissent des souches des arbres morts dans les hivers rigoureux sont plus que suffisants pour les remplacements, et pour les nouvelles plantations.

Les rejets qui s'élèvent des souches des arbres coupés ne demandent aucun soin la première et la seconde année, si ce n'est d'être préservés de la dent des moutons. La troisième on commence à les éclaircir. La quatrième on les réduit à cinq ou six. Il n'en faut que deux ou trois pour regarnir la place ; les autres sont transplantés lorsqu'ils ont acquis deux pouces de diamètre et trois pieds de tige.

Celui qui se trouverait dans la nécessité de

faire des pépinières n'aurait qu'à employer les petits rejets enracinés qui poussent chaque année autour des pieds des vieux arbres, et à défaut, des tronçons de souches (*souquets*) détachés de la masse des racines , ou bien encore des boutures avec un talon de vieux bois. Le semis lui donnerait des espèces mieux acclimatées ; mais il exigerait plus de temps.

Le choix des espèces dépend de l'exposition , de la nature du sol, et de la destination particulière qu'on peut être dans le cas de donner au produit.

Près des grandes villes et dans les lieux où l'on s'adonne à la préparation des olives pour les expédier au loin, il y a avantage à cultiver la *picholine* ou *saurine*, et la *grossane* ou *grosse noire*. C'est leur meilleur emploi ; car si la première ne donne que peu d'huile et de bonne qualité , la seconde n'en fournit pas davantage et elle est très-médiocre. Ces arbres viennent en terre forte.

Le *selounen* ou *plant de Salon* , arbre robuste , se charge de fruits toutes les années. Son huile est bonne et en grande quantité ; il se contente des sols légers.

Le *blanquet* à petits fruits ronds supporte assez bien le froid. Son huile est fort bonne. Il ne se met à fruit que de deux années l'une.

Le *bécaru* ou *pointu* produit peu. Son huile est excellente, bien parfumée.

Le *ribiès* ou *rapuguette* se distingue par des tiges qui portent plusieurs fruits. Son huile abondante est de bonne qualité.

Les fosses dans lesquelles on plante les oliviers n'ont ordinairement qu'un mètre en carré. C'est tout au plus la moitié de ce qui convient.

La distance dans les plantations en bordure peut être bornée à six mètres ; mais dans les vergers ou plantations en quinconce huit suffisent à peine. Ces arbres veulent être bien aérés. Comme ils fleurissent au mois de mai, saison des brouillards, si dans une matinée calme, l'humidité dont la fleur est imprégnée n'est pas entièrement dissipée, quand le soleil paraît, ses premiers rayons *brûlent* la fleur, et tout espoir de récolte est perdu pour l'année.

Ces distances, au reste, sont relatives aux dimensions qu'on laisse prendre à l'arbre. Elles ne suffiraient point, s'il s'élevait à vingt ou trente pieds , comme on le voit dans quelques parties du littoral.

La plantation a lieu de mars en mai. Les plants doivent être levés avec soin, pourvus d'une souche saine , fraîche et assez grosse. On étête l'arbre à trois ou quatre pieds de hauteur.

La première année on ne touche point aux petites branches qui naissent en paquets à chaque nœud; lorsqu'elles ont acquis assez de force, on les réduit à trois ou quatre , destinées à former les mères branches.

Cet arbre , comme la plupart de ceux à fruit, est bisannuel , c'est-à-dire que les récoltes sont alternativement une forte et une faible. La taille doit suivre cette périodicité, et avoir lieu dans l'année qui n'est pas celle de la plus forte production.

Comme le fruit n'est produit que sur le bois nouveau , on doit s'attacher à en faire pousser le plus qu'il est possible, c'est le premier principe de cette taille. En conséquence , on doit couper court, abattre toutes les branches affaiblies , épuisées , tout ce qui ne promet pas une belle végétation , en s'attachant en même temps à évider l'arbre , à l'étendre, à le garnir également, et à l'éclaircir, afin que l'air circule librement partout.

La taille s'opère dans le courant de l'hiver, excepté durant les jours de fortes gelées, et peu à peu, afin de profiter des rameaux chargés de feuilles que l'on coupe, et qui sont d'un grand secours pour la nourriture des bêtes à laine.

Les arbres plantés en bordure participent aux cultures et aux engrais donnés au reste du champ où ils se trouvent placés. Les vergers exigent trois labours croisés, savoir : un à l'entrée de l'hiver, un en mai, et l'autre en août. On bêche en outre les pieds des uns et des autres une fois en hiver et une autre en été. On les fume tous les deux ans, en remplissant une fosse creusée à leur pied, de fumier gros et pailleux, et à défaut, d'herbes sèches des marais, de sommités de buis, de romarin, etc. En Italie on se sert du lupin semé autour du pied et enterré en vert.

Les agronomes ne s'accordent pas sur l'époque à laquelle il convient de fumer. Les uns prétendent qu'il faut le faire à l'entrée de l'hiver, pour réchauffer les arbres, et les aider à résister au froid. Les autres affirment que le fumier mis à cette époque entretient la sève en mouvement, et rend l'arbre plus sensible à la gelée. Ils se fondent sur ce qu'on voit dans toutes les années de grandes mortalités, les arbres frais et en végétation souffrir plus que les autres. Ce motif paraît plausible et suffisant pour décider à ne fumer qu'après que tout le danger du froid est passé.

Depuis quelques années nos cultivateurs ont pris l'habitude de butter, aux approches de l'hiver, les pieds des oliviers, avec de la terre prise à l'entour. L'expérience prouve que cette pratique concourt puissamment à leur conservation.

Les sujets venus de semence ou sur souche sont ordinairement sauvages, et ont besoin d'être améliorés par la greffe. Celle dite à *emporte pièce* qui diffère peu de l'écusson, est presque la seule pratiquée sur l'olivier ; elle consiste à lever sur une branche de l'espèce à multiplier, une plaque carrée d'écorce, d'environ un pouce, et portant un œil. On l'applique sur une place d'égale dimension, dont l'écorce a été détachée sur le sujet à greffer. On l'assujétit avec un lien. L'enlève-

ment d'un anneau d'écorce , au-dessus de la
greffe concourt à en assurer le succès , en re-
tenant la sève ascendante , et la tête de l'arbre
qu'on laisse subsister encore cette année se
charge d'une grande quantité de fruits.

La qualité de l'huile dépend en grande partie des soins de la fabrication. Les olives qu'on
cueille trop mûres et qu'on laisse échauffer
en tas , donnent peut-être un peu plus d'huile ,
mais d'une qualité inférieure. Les propriétaires qui tiennent à avoir de l'huile de
qualité supérieure , les étendent dans un grenier , les remuent de temps en temps , jusqu'au moment de les porter sous la meule.

Les machines , vases et ustensiles dont on
se sert doivent être entretenus dans la plus
grande propreté. Il est indispensable de renouveler chaque année ceux qui contractent
de l'odeur , tels que les *cabas* ou *couffins*.

CHAPITRE V.

Amandier.

Cet arbre sert à utiliser les plus mauvais terrains, ceux qui ne sont propres ni à la vigne, ni à l'olivier, ni aux grains les plus grossiers. En beaucoup d'endroits, il est substitué à l'olivier dont on se dégoûte.

Son plus grand inconvénient est sa précocité. Tous les efforts du cultivateur doivent tendre à obtenir des variétés tardives, seul moyen d'avoir des récoltes moins incertaines.

Nous possédons : 1° l'amande *princesse* ou *pistache* dont la coquille se brise dans les doigts. L'arbre fleurit tard. Le prix de son fruit est quadruple de celui de l'amande commune ; 2° la *ronde* ou *mi-fine*, ou *à la dame*, à coque tendre ; 3° l'amande à *trochet* ou à *flots* ; 4° la *mathérone*, qui toutes ont besoin d'être greffées ; 5° l'*amande amère* ; 6° la *commune*, ou sauvage, qui est la plus hâtive.

L'amandier se multiplie uniquement de semence. La méthode généralement suivie est vicieuse en tous points.

On fait la pépinière avec peu de soin, en mauvais terrain. L'arbre resserré, négligé, met cinq à six ans à acquérir la hauteur nécessaire. La tige est tortueuse, difforme. Lorsqu'il a été mis en place, il a besoin de deux ans pour se fortifier, après quoi on l'étête, afin de le greffer. Il emploie encore trois ou quatre ans à refaire sa tête, avant de donner ses premiers fruits. Une douzaine d'années s'est ainsi écoulée, dans la supposition la plus favorable que tout ait réussi. Mais mille accidents peuvent apporter deux ou trois ans de retard; et alors il faut presque toute une génération, pour le voir arriver à la première production.

Il est possible de faire mieux et en moins de temps.

Les arbres dans les pépinières seront convenablement espacés et soignés. On les greffera la deuxième année, rez-terre, en flûte ou en écusson. Comme la greffe accélère l'accroissement, la tige sera droite et de belle venue. En deux ou trois ans l'arbre aura acquis la hauteur et la grosseur nécessaires pour être mis en place , et il n'aura plus besoin d'y subir des opérations qui retardent son accroissement , et compromettent son existence.

L'amandier se plante en bordure ou en verger , à dix ou douze mètres d'intervalle, et de très-bonne heure , avant que sa végétation commence.

Il croît et produit en proportion des soins qu'on lui donne. En général il est trop négligé. A peine lui accorde-t-on deux façons à l'araire. Dans les pays où l'on entend mieux cette culture , il reçoit des labours suffisants; on le fume même de temps en temps ; là aussi son produit s'est élevé à une valeur importante.

Dans la taille , il importe de rabattre les branches qui ont trop de propension à s'élever, de prévenir la naissance des gourmands toujours très nombreux , d'enlever ceux qui existent , ainsi que les branches mal placées , d'ouvrir l'arbre , afin que l'air et le soleil pénètrent partout, etc.

Les fruits mûrissent à la fin d'août. On cueille à la main l'amande princesse. La gaule abat les autres. Après les avoir débarrassées de leur brou, qui sert de nourriture aux bestiaux, ou qu'on brûle pour en recueillir la cendre qui contient beaucoup de potasse et facilite la cuisson des pois-chiches, on les étend pour les faire sécher et les mettre en état d'être livrées au commerce.

CHAPITRE VI.

Arbres fruitiers.

Les fruits sont un aliment agréable et salutaire pour tout le monde, lorsqu'on en use avec modération.

Dans une exploitation rurale où tout se calcule, au lieu de sacrifier un terrain particulier aux arbres fruitiers, on les dissémine dans les champs qui avoisinent l'habitation; ils y prospèrent sans frais et sans culture particulière. C'est là leur véritable place.

Laissant au jardinier les fruits rares et délicats, le cultivateur fait un choix, parmi ceux à noyaux et à pepins, des espèces les plus robustes, les mieux acclimatées, de telle sorte que leur maturité se succédant, il n'y ait pas d'interruption dans tout le cours de la belle saison.

Un mauvais arbre tient la place d'un bon et ne produit rien. On peut l'utiliser en le greffant. Un évêque d'*Apt* (Vaucluse) dans une de ses tournées pastorales, trouva un canton de son diocèse rempli de poiriers sauvages à fruits âpres et durs, sans utilité. Il y envoya des greffes et des ouvriers. En peu d'années, ces mêmes arbres se chargèrent de fruits excellents qui enrichirent la contrée.

Le cultivateur garnit d'abord sa pépinière de sauvageons de toute espèce, propres à recevoir des greffes d'arbres fruitiers.

Ensuite il greffe le poirier sur sauvageon de la même espèce, ou sur coignassier ; de cette manière il se met plutôt à fruits, mais dure moins et n'atteint pas la même grandeur ;

Le pommier, le coignassier et le prunier sur eux-mêmes, le cérisier sur sauvageon, sur merisier, ou sur le mahaleb ;

Le pêcher sur amandier en terrain sec, et sur prunier dans les terres humides ;

Le néflier et l'azérolier sur aubépine ;

Le jujubier et le groseillier fournissent de nombreux rejetons : ce dernier vient aussi de bouture.

Le noyer ne prospère que dans les sols frais et profonds, les vallons fertiles et abrités. L'expérience a prouvé qu'il est utile de le semer en place, ou de le replanter fort jeune, pour conserver son pivot, racine en forme de fuseau, qui dans le premier âge, est plus longue que la tige. On greffe en fente ou en écusson les espèces les plus recherchées, telles que le noyer mésange ou à coque tendre, celui de la St-Jean, celui à gros fruit ou noix de jauge.

Le figuier est l'objet d'une attention particulière, dans quelques cantons où l'on sèche ses fruits, pour les mettre dans le commerce. On le cultive avec soin, on le fume toutes les années ; on l'arrose même, s'il est possible. La figue *grise* qui donne deux récoltes, la figue *datte*, la *poulette*, la *marseillaise*, la *bourgeassotte*, sont les meilleures espèces à cultiver. La bouture faite d'une branche de deux ou trois ans, est le moyen de multiplication le plus usité. Le plant enraciné vaut mieux.

Le *caprier*, petit arbuste grimpant, est particulier au midi. Ses boutons, cueillis avant leur

entier développement, sont confits au vinaigre, et forment une branche de commerce
assez importante. On le multiplie d'éclats de
vieux pieds. Il craint la gelée. Pour l'en garantir
on le butte aux approches de l'hiver, de manière à le couvrir entièrement de terre, après
avoir rogné ses branches.

L'oranger ne se trouve que dans une petite
partie du littoral. Sa culture est plus du res-
sort du jardinier que de celui de l'agriculteur.
Il ne doit pas en être traité ici.

Nos arbres fruitiers plantés en rase campagne ne sont point soumis à une taille rigou-
reuse. Ils croissent en toute liberté et ne donnent que plus de fruits. On se contente de les
émonder de temps en temps, pour éclaircir les
branches trop serrées, arrêter celles qui
prennent trop d'extension, retrancher les bois
morts, etc.

CHAPITRE VII.

Arbres forestiers.

Le bois est un objet de première nécessité. Il devient rare et cher partout. On détruit plus qu'on ne plante.

C'est surtout au midi que cette vérité est applicable. Outre que la volonté manque, il y a des obstacles nombreux. La sécheresse de l'air et du sol nuisent aux semis et aux plantations, qui en effet réussissent rarement.

Un bon choix dans les espèces, des soins et de la persévérance sont plus nécessaires ici qu'ailleurs.

L'aspect général de nos montagnes est peu propre à encourager ceux qui auraient l'idée de les reboiser. Cependant, considérées en détail, elles offrent dans certains endroits des bouquets de pins d'assez belle venue, des chênes verts qui croissent passablement, et dans les vallons des chênes blancs d'assez grandes dimensions. Il ne s'agit que de les multiplier dans les lieux qui leur conviennent.

Il devient avant tout nécessaire d'observer que vouloir regarnir de chênes, par exemple, un terrain qui depuis deux siècles en est fatigué, c'est travailler à pure perte. Les arbres subissent comme les plantes la loi des assolements. (*Voyez la 5e Partie, Chapitre III, des Assolements.*) Aux pins doivent succéder des chênes, à ceux-ci des pins, etc.

Parmi les arbres résineux (*pins, sapins, cyprès*), il en est un naturel à notre sol; c'est le *pin d'Alep* ou *pin blanc*, le plus commun, le seul qui existe ici en masses considérables. La sécheresse ne l'empêche pas de végéter. Il croît dans les plus mauvaises terres, sur les montagnes escarpées, dans les pierres, entre les fentes des rochers. Il se reproduit naturellement, sous les arbres adultes qui portent de la graine, où on peut en arracher, pour replanter ailleurs, sans crainte de trop dégarnir. Lorsqu'on le sème, il vient assez bien sur un simple labour. Il supporte aussi la transplantation. Les plants les plus jeunes, levés en motte, réussissent le mieux. Leur reprise est assurée, si l'on peut les arroser en plantant, et une ou deux fois dans le courant du premier été, en cas de sécheresse extrême. La plantation a lieu en avril.

La suppression modérée des branches inférieures, leur premier produit ne se fait pas beaucoup attendre. Plus tard il se renouvelle par des élagages successifs et faits avec réserve. Son bois est bon pour la charpente, pour brûler et pour faire du charbon. On en tire aussi de la résine.

Le *pin maritime*, son congénère, qu'on traite de même, peut lui être associé dans quelques lieux de prédilection.

Le *pin pignon* à grosses amandes forme des forêts en quelques endroits, surtout dans les sables, près des rivages de la mer. On pourrait le multiplier, et ce serait par les mêmes moyens que le pin d'Alep.

Quelques essais de culture de *pin de Corse* ou *pin Laricio* ont assez bien réussi pour encourager à adopter ce bel arbre.

Le *cyprès à branches étalées*, d'une croissance rapide, qui surpasse beaucoup celle du cyprès pyramidal se multiplie de graine, et supporte bien la transplantation en motte. Il réussit parfaitement dans notre climat.

Celui qui possède des bois de chênes *verts*, *blancs*, à *kermès*, faibles et rabougris par l'effet du long épuisement du sol, ne peut mieux faire que de les arracher, défricher ce sol, le semer en blé pendant quelques années pour couvrir la dépense, et faire ensuite des semis d'arbres verts indiqués ci-dessus; tout comme il doit remplacer de la même manière les pins lorsqu'ils périssent, par des *chênes verts* sur les hauteurs, et des *chênes blancs* dans les vallons et les plaines.

Ces deux arbres, le *chêne vert* et le *chêne blanc*, supportent aussi très-bien le climat du midi. Tout la difficulté est dans les moyens de les multiplier. Leurs semis ne prospèrent dans les premières années qu'à l'aide d'un peu d'humidité et d'ombre, ce qu'ils trouvent rarement. Pour leur donner de l'ombre, on sème, avec leurs glands, des graines de plantes ou d'arbustes, de *genêt*, de *romarin*, qui croissent plus vite et les abritent. Une fois enracinés, ils deviennent indestructibles. Dans les mauvais terrains, où ils s'élèvent peu, on les aménage à court terme, c'est-à-dire on les coupe souvent. Dans les bas-fonds, ils acquièrent plus de développement ; le chêne vert même y devient un grand arbre , si on lui en donne le temps.

Le *chêne kermès* n'est pas toujours à dédaigner, quoiqu'il ne forme qu'un buisson. Il sert à garnir les plus mauvais sols, à retenir la terre sur les pentes rapides.

Les lieux bas , humides et marécageux , les îles et bords des rivières se peuplent naturellement, ou à peu de frais , de *peupliers* , de *saules* , d'*osiers* , de *tamaris* , d'*aulnes* , qui viennent de semences répandues par les vents ou de boutures qu'il suffit d'enfoncer en terre. On les coupe tous les trois ou quatre ans. C'est aussi la place du roseau (canne), si utile pour consolider les chaussées, fixer les sables, servir d'abri pendant sa végétation , et après avoir été coupé. Les plus forts sont employés à faire des claies fort commodes pour les vers-à-soie et pour d'autres usages domestiques ; la multiplication a lieu par tronçons de racines. On coupe tous les ans. Cependant on doit laisser deux années sur pied , ceux qui sont destinés à faire des anches pour les clarinettes , les hautbois , etc.

Ceux qui ne possèdent ni montagnes , ni

autres terres vagues , ne doivent pas moins chercher à se procurer du bois en plantant les bords des canaux, des fossés, des chemins, de grands arbres, peupliers , saules, frènes, platanes , dans les terrains humides ; et dans les autres , des *chénes blancs , ormes , micocouliers , acacias* , etc , etc. ; qu'ils forment aussi des haies d'*aubépine* , de *mûrier* , de *coignassier* , des rideaux de *cyprès* , qui outre le profit éloigné de leur bois, ont l'avantage précieux et plus prochain , on ne saurait trop le répéter , de rompre la violence des vents , et de servir d'abri aux récoltes.

QUATRIÈME PARTIE.

Éducation des animaux domestiques.

CHAPITRE PREMIER.

Moutons, Chèvres, Cochons, Bœufs, Chevaux et Mulets, etc.

Dans un pays dépourvu de foin et de pâturages, comme l'est tout le midi, cette partie de l'industrie agricole qui a pour objet l'éducation des animaux domestiques, ne saurait prendre beaucoup d'extension. Elle se réduit presque absolement à la multiplication, à l'entretien, à l'engraissement des moutons, qui seuls peuvent y trouver une nourriture convenable et suffisante. Faisons des vœux pour que nos cultivateurs plus instruits adoptent un système de culture mieux raisonné, qui leur procure une plus grande quantité de fourrage, et leur permette de prendre part aux profits que procure ailleurs l'élève des bestiaux.

§ I. *Moutons*. Chaque exploitation a son troupeau proportionné à l'étendue de ses terres, à la faculté d'user des pâturages communaux, à la quantité de fourrage qu'elle peut lui consacrer.

Ce troupeau se compose de *brebis mères*, de *béliers*, dans la proportion d'un sur vingt femelles, parfois de quelques *moutons*, des *antenois (anouges)*, agneaux mâles et femelles de l'année précédente, nécessaires pour le tenir au complet.

Lorsque les pâturages sont trop arides pour que la brebis puisse y vivre, on compose le troupeau tantôt de moutons, tantôt d'antenois mâles ou femelles, qu'on renouvelle toutes les années.

La brebis du pays, dite *commune*, a la laine grossière; elle est trapue, de petite taille, sobre et robuste. Malgré ces dernières qualités, il y a profit à la remplacer par le *mérinos* , soit tout d'un coup par échange, soit peu à peu par le croisement avec des béliers de cette espèce. Il en naît des *métis*, qui, à la quatrième génération, parviennent au degré de race pure. Le *mérinos* a le double de laine , qui est de valeur double aussi. Il n'exige ni plus de soins, ni plus de nourriture. Il est parfaitement acclimaté.

Pendant les trois-quarts de l'année , le troupeau trouve dans les champs de quoi se nourrir. Dans les hivers rigoureux , il a besoin d'un supplément de nourriture , à la bergerie. Les brebis mères et les agneaux exigent le sainfoin, la luzerne. Le reste du troupeau, dont on forme à cette époque une bande à part , confié à un berger particulier, se contente des émondages d'arbres garnis de leurs feuilles , des fanes (tiges et feuilles) de garance , de foin grossier, de regain , de paille même.

En été , les bêtes à laine paissent la nuit, et restent, le jour, renfermées dans la bergerie. L'usage du parc est presque inconnu.

La brebis porte cinq mois. La monte doit être réglée de manière qu'à la naissance des agneaux, les mères trouvent une nourriture suffisante, pour avoir abondance de lait , sans cependant qu'elle soit trop retardée , de peur que les agneaux trop faibles à l'entrée de l'hiver ne puissent pas le supporter.

Il y a deux manières d'élever les agneaux.

On peut forcer l'allaitement , en leur donnant des mères supplémentaires , et les vendre comme agneaux de lait , à l'âge d'un mois, du pois de 12 kilogrammes, pour la boucherie. C'est ce qu'on appelle engraisser (*castegea*). Les mères doivent dans ce cas être nourries abondamment de luzerne et de sainfoin , outre ce qu'elles trouvent à la campagne , dans les regains de prairies qu'on leur a réservés , ou dans les *pasquiers* (orge ou seigle semés pour cet objet). Les agneaux restent renfermés dans un parc étroit , à l'endroit le plus chaud de la bergerie.

Selon l'autre manière qu'on appelle *nourrir*, les agneaux paissent jusqu'au mois de mai dans les pasquiers et pâturages de choix. Ils sont vendus ensuite aux foires de cette époque.

Ce qu'on apprécie le plus , du produit du troupeau dans les petites exploitations , c'est le fumier. Une bonne nourriture , une litière souvent renouvelée en augmentent la quantité.

C'est aussi le plus grand profit qu'on retire

des engraissements de moutons , et c'est pour ce motif qu'on les fait uniquement à l'étable. On commence à l'entrée de l'hiver ; cinquante jours suffisent. D'abord on leur donne trois repas ; et dans le milieu du jour , si le temps est beau , il sont conduits à l'abreuvoir , et dans les regains des meilleurs prés. Plus tard ils restent tout-à-fait renfermés ; on augmente alors le nombre des repas , on ajoute au foin , de la betterave , de la pomme de terre , des carottes , qui rendent la viande excellente , des glands , de l'avoine qui la rendent ferme. Un kilogramme de foin est la ration journalière d'un mouton.

Au printemps , dans certaines localités , des moutons peuvent être mis en graisse , par le seul emploi de pâturages fertiles.

Dès que le mois de mai arrive , les bêtes à laine ont besoin d'être débarrassées de leur toison devenue trop pesante. Il est dangereux de les exposer à un vent froid , aussitôt après les avoir dépouillées.

Les grands troupeaux de vastes exploitations auraient beaucoup à souffrir durant les quatre à cinq mois de l'été , de la chaleur , des maladies et de la faim , dans leurs pâturages ordinaires desséchés par un soleil ardent , et qu'aucune pluie ne vient rafraîchir. On les conduit dans les montagnes des départements des Hautes et Basses-Alpes, de l'Isère et du Piémont qui leur fournissent une nourriture saine et abondante , avec une température plus faborable.

Ces animaux sont sujets à un grand nombre de maladies : nous dirons un mot des principales.

Le *claveau* (*picotte*) les attaque à tout âge. Peu d'agneaux en échappent ; les bêtes adultes résistent mieux. L'inoculation , opération fort simple que tous les bergers devraient savoir pratiquer , en diminue considérablement le danger. Cette opération consiste en trois ou quatre piqûres, faites au plat de la cuisse , ou sur les côtés de la poitrine dégarnis de laine , avec la pointe d'un canif , d'une aiguille , ou d'une lancette trempée dans le pus des boutons de cette éruption que portent d'autres bêtes déjà atteintes.

Une bête qui cherche à se gratter contre les murs ou les arbres , dont la laine se détache par flocons est , à coup sûr, atteinte de la *gale*. Que le berger se hâte de la visiter , en écartant la laine, et s'il découvre des boutons, de les oindre d'onguent mercuriel, bien préférable à l'huile de *genévrier-cade*, dont on se servait autrefois, et qui laissait sur la laine des taches indélébiles.

La *pourriture* ou *gamadure* attaque les moutons que l'on a menés paître le matin, dans des marécages ou des pâturages humides, couverts de rosée. Ils deviennent tristes, la peau de la bouche et des gencives se décolore, la veine de l'œil disparaît, une tumeur se montre sous la ganache. L'usage du sel, des amers des fortifiants, est indiqué comme moyen de guérison.

Le *charbon* (*besele*), maladie mortelle en peu d'heures, se manifeste par une tumeur gangreneuse. Les remèdes convenables, si l'on avait le temps de les employer, seraient le camphre et le quinquina. En écorchant les bêtes qui ont succombé à cette maladie, le berger court risque de la contracter, s'il a ou s'il se fait la moindre égratignure aux mains.

La maladie appelée *mal de sang*, *pissement de sang*, est une inflammation de la vessie qui se termine par la gangrène. Les bêtes les plus robustes en périssent en peu de moments, et souvent sans qu'on s'en aperçoive. Elle est attribuée principalement à une nourriture échauffante, jointe à la fraîcheur de la bergerie. Le mal est si prompt qu'on n'a pas le temps de donner des remèdes. Il est plus utile d'aviser aux moyens de prévenir la maladie, en assainissant la bergerie, en empêchant l'excès d'alimentation, et de l'arrêter lorsqu'elle se déclare, en changeant le troupeau de pâturages et de logement.

La *bouffissure* ou *gonflement* (*tympanite*), se déclare chez les bestiaux qui ont mangé avec excès des fourrages verts, échauffants, du trèfle, du sainfoin et surtout de la luzerne. On la guérit par l'emploi de l'*alkali volatil*, ou ammoniac liquide.

Le *tournis* attaque principalement les antenois mâles. Cette maladie occasionnée par la présence d'une *hydatide* (ver vésiculaire) placée dans le cerveau, se guérit rarement; et seulement par une opération.

La *boiterie* ou *piétain* est une maladie des partie molles du pied. On la guérit par l'enlèvement de la corne, et la cautérisation au moyen du vitriol bleu.

La plupart de ces maladies attaquent les

autres bestiaux ; et quelques-unes d'entre elles donnent ouverture à l'action rédhibitoire réglée par une loi et les usages locaux.

§ II. La *chèvre* est sévèrement proscrite des pâturages publics. On ne la trouve en troupeaux que dans quelques propriétés particulières , montagneuses, sèches et mal boisées ; elle y donne, par sa seule multiplication et son fumier , un profit assez considérable , qui n'est que faiblement diminué par les frais de garde et ceux d'ensemencement d'un peu de seigle , pour faire brouter aux mères pendant l'allaitement. Elle n'exige ni d'autres soins , ni d'autre dépense.

Partout ailleurs elle vit dans l'étable. Elle s'y est considérablement multipliée , depuis que son lait, que l'on estime fort ici, est devenu d'un usage général. Sa nourriture s'y compose d'herbes fraîches et de broussailles en été, de foin et de racines en hiver. Elle porte cinq mois. On sèvre le chevreau à un mois. Elle donne du lait pendant un an et quelquefois davantage.

§ III. Le *porc* n'est élevé en liberté et en troupeaux que dans quelques localités basses et humides, ou pourvues de chênes-blancs qui fournissent abondance de glands. Dans les autres, et c'est la majeure partie, il naît et croît dans sa loge ; et il n'en sort que pour terminer sa vie.

Pour les besoins de ces cantons , on entretient dans chacun d'eux , et de même dans des loges , quelques truies et un verrat auquel on les mène , moyennant rétribution.

La truie porte quatre mois. Les petits sont châtrés à un mois , sevrés et vendus à deux. On les nourrit d'herbes, de racines et de son ; pour les engraisser , on ajoute du gland , du maïs et de l'avoine. Par l'effet des soins et de l'abondance de la nourriture , le cochon ainsi élevé acquiert en huit à neuf mois tout son accroissement, assez de graisse et un poids de 90 à 100 kilogrammes ; il ne reste , à la vérité , d'autre profit que le fumier ; mais c'est le principal ou le seul objet que l'on recherche.

Ceux qui vivent en troupeaux dans les champs croissent plus lentement.. On les engraisse à trois ans , et par les mêmes moyens.

§ IV. Le *bœuf* n'est employé pour le labourage que dans un petit nombre de fermes du midi. Il y en a moins encore, où l'on s'occupe à l'élever. On a déjà vu le motif.

Tous ceux qui sont destinés au travail ou à la boucherie viennent de l'Auvergne, du Limousin, ou du Dauphiné. Ceux qui travaillent sont engraissés, lorsqu'ils commencent à vieillir ; nous sommes loin d'en prendre tous les soins usités ailleurs. Du repos, un peu plus de nourriture, voilà tout ce qu'on leur accorde.

Les *bœufs sauvages* de la *Camargue*, île formée par deux bras du Rhône près de son embouchure, font seuls exception à ce qui vient d'être dit. Ils vivent en plein air, en toute liberté, sans recevoir aucun soin, sans être assujétis à aucun travail. On ne s'en occupe que pour en retirer l'équivalent du croît annuel en veaux de quatre à cinq mois, ou en taureaux ou genisses de deux ou trois ans, qui sont livrés à la consommation locale.

Dans toutes les villes et villages, tant soit peu considérables, des vaches sont entretenues uniquement pour leur lait, dont la consommation est devenue immense. On les nourrit grassement à l'étable, de bons fourrages, de pommes de terre, de betteraves. Dès que leur lait tarit, on les reconduit au taureau, ou bien on les engraisse pour les livrer au boucher. Le lait a largement payé la nourriture ; on a obtenu beaucoup de fumier, et il y a toujours quelque profit à la revente.

§ V. Les *chevaux* supportent difficilement les rudes travaux et le maigre régime de nos fermes. Ils y sont peu nombreux. Ceux qu'on y voit viennent du Limousin, de l'Auvergne et de la Suisse. Il n'y a de haras que dans la Camargue. Les animaux qui les composent ne reçoivent guères plus de soin que les bœufs sauvages du même pays. Tous les efforts qu'a fait le gouvernement pour en améliorer la race n'ont pas, jusqu'à présent, produit de grands résultats. Ces chevaux sont employés principalement à fouler les grains. Quelques-uns des plus forts sont mis à la charrue. Ceux qu'on soigne et qu'on dresse de bonne heure font un bon service à la selle.

Dans quelques fermes des autres localités où des juments sont employées au labourage, on les fait saillir. Ces produits, qui passent leur jeunesse attachés au ratelier, sont sujets à une infinité d'accidents qui les dégradent ; et ils n'ont jamais cette souplesse des membres, cette beauté de formes que peut seul procurer l'exercice en plein air, dans de vastes pâturages.

§ VI. Les *mules* et les *mulets* joignent la sobriété à la force. Ils s'accommodent très-bien de notre climat et de nos fourrages secs. Ils sont presque seuls employés aux travaux de l'agriculture.

Ils ne naissent point ici. L'Espagne, le Poitou et la Savoie nous les fournissent. Toute la spéculation que le cultivateur peut faire à cet égard, consiste à les acheter à l'âge de quinze à dix-huit mois, à les nourrir économiquement de fourrages grossiers. Il les dresse peu à peu au travail, et au bout de deux ou trois ans il se trouve possesseur d'une bête de prix, qui n'a exigé qu'un léger déboursé.

Des jambes fortes, un large poitrail, une encolure bien fournie, sont les qualités extérieures que l'on recherche, et les indices de la force et de la vigueur.

Durant les travaux, ils sont nourris de luzerne et de sainfoin. En hiver, lorsqu'ils

restent en repos , ils sont réduits à un mélange de paille et de foin , et souvent à la
paille seule , qui suffit à peine pour les entretenir.

§ VII. *L'âne* est la bête de somme de prédilection des petits cultivateurs. Il travaille
beaucoup et ne coûte guères d'entretien.

C'est des Hautes-Alpes et du Poitou que
viennent ceux qui garnissent les foires et les
marchés où nos cultivateurs vont se pourvoir.

Il en naît aussi dans le pays , mais en petit
nombre. Ceux-ci ne deviennent jamais forts ,
parce qu'on les met trop jeunes au travail.

Le traitement des maladies des bêtes chevalines et bovines ne saurait trouver place
dans cet ouvrage , soit à cause de la haute
valeur de ces animaux , soit par rapport au
nombre et aux complications de ces maladies,
qui exigent le soin d'un vétérinaire instruit.

§ VIII. Descendons maintenant aux *volailles*.
Dans une ferme bien administrée , c'est au
moyen du produit des oiseaux de basse-cour ,
des pigeons, des lapins , que la ménagère
doit pourvoir aux petites dépenses journa-

lières de consommation en sel, poivre , sucre, savon, etc. A elle toute la charge , tous les soins du travail , dont elle doit avoir fait une étude qui entre dans son éducation. La part du ménager se borne à lui édifier des habitations convenables , un poulailler sec et chaud , un pigeonnier bien aéré , une lapinière bien close , à laquelle tienne une cour , où les lapins puissent prendre l'air, etc.

Il entre aussi dans la charge de celui-ci de récolter la quantité de grains grossiers, avoine , sarrasin , millet , maïs , etc. , pour la consommation de tout ce menu bétail , qui ne laisse pas d'être considérable.

Un changement que tout fait désirer dans notre système de culture , et qui amènerait l'augmentation des prairies artificielles , peut seul nous faire participer aux nombreux avantages que procure ailleurs l'éducation des animaux domestiques. Avec plus de fourrage nous verrions s'accroître le nombre des bêtes à laine ; nous pourrions donner plus d'extension à l'engraissement des moutons ; le bœuf et la vache trouveraient place dans nos fermes, où ils apporteraient de grands profits par leur leur travail économique , et par leur multiplication. Rien ne nous empêcherait de nous livrer à l'éducation des mules et des mulets que nous achetons si chèrement. La culture des racines fourragères donnerait les moyens d'entretenir un plus grand nombre de cochons; leur fumier, bonifié par son mélange avec celui des autres animaux dont il augmenterait considérablement la masse, nous procurerait des récoltes abondantes en tout genre. C'est le point principal du perfectionnement qu'attend notre agriculture.

CHAPITRE II.

Insectes domestiques.

§ I.

Ver-à-soie. L'éducation des vers-à-soie est la partie la plus importante de notre industrie agricole : nous sommes forcés de reconnaître que de nombreux écrits, et deux siècles d'expériences sont loin de l'avoir perfectionnée. Presque partout elle est livrée à des préjugés ridicules, à une routine aveugle. Aussi, que de mécomptes , que de désappointements rejetés sur le hasard ou la saison, et qu'il ne faut attribuer qu'au défaut de soins, ou, ce qui est pire, à des soins malentendus !

Cent livres de cocons par once de graine , qui consomme vingt quintaux de feuille , c'est le plus beau de nos résultats : il ne se voit que rarement, et dans les éducations d'une à deux onces , placées convenablement, où la multiplicité des soins procure ce succès.

Mais dans les magnaneries de dix à douze onces et au-dessus , le produit est considéré comme satisfaisant , lorsqu'il s'élève à soixante ou soixante-dix livres par once.

La modicité de ces récoltes n'a rien qui doive étonner, si l'on considère que la magnanerie est tantôt une chambre fermée comme une étuve , sans circulation d'air ; tantôt un grenier ouvert à tous les vents, dont la température varie de cinq à six degrés , du jour à la nuit , et quelquefois de dix degrés d'un jour à l'autre , que ces malheureux insectes ne reçoivent que deux repas en vingt-quatre heures , ne sont délités qu'une fois à chaque mue , que les moyens employés pour combattre la touffe , les maladies contagieuses , sont toujours insuffisants , quelquefois contraires.

L'industrie séricicole doit à M. *Camille Beauvais*, secondé par M *Darcet*, une méthode d'éducation déjà sanctionnée par plusieurs années d'expérience , qui procure dans les grands comme dans les petits établissements plus du double de ce que nous obtenons dans les meilleures années par notre méthode routinière , et ce qui n'est pas moins précieux, des produits à peu près certains.

Par la seule adoption de cette méthode , nous doublerions nos récoltes, sans augmentation de frais , ni de moyen de production.

Elle est fondée sur quatre règles principales :

1° *Uniformité de la chaleur*. Elle est entretenue constamment à 20 ou 21 degrés du thermomètre de Réaumur.

2° *Fréquence des repas en harmonie avec la chaleur*. On donne douze repas en 24 heures, au premier et deuxième âge , huit du troisième au quatrième , six au cinquième.

3° *Renouvellement continuel de l'air*. Il a lieu au moyen d'une ventilation non interrompue , qui s'effectue par des conduits placés dans les planchers supérieur et inférieur , et à l'aide d'un ventilateur et d'une cheminée d'appel.

4° *Délitements fréquents.* On les exécute sans peine, et très-promptement, avec un filet que l'on étend sur les claies. Les vers y montent, attirés par les feuilles dont on le couvre, et sont enlevés ainsi tous ensemble d'un seul coup.

La disposition du local indiquée par M. Darcet constitue une partie essentielle de cette méthode.

Il serait inutile de donner ici la description d'une *magnanerie salubre*, qui ne pourrait être comprise qu'à l'aide de plans détaillés. Ceux qui voudront approprier des bâtiments existants, ou en construire de nouveaux, devront se rapprocher autant que possible des conditions suivantes :

1° La magnanerie sera mise à l'abri des variations de la température extérieure, par des fenêtres vitrées, des portes joignant bien, un plafond, et à défaut une toiture épaisse et très-élevée.

2° Le poële ou calorifère destiné à donner la chaleur sera placé non dans la magnanerie, dont il chaufferait trop les parties voisines, tandis que les plus éloignées resteraient froides, mais dans une pièce contiguë et au dessous, qui prend le nom de chambre à air chaud.

3° De cette chambre, la chaleur est conduite également dans toute la magnanerie, au moyen de gaines en bois, placées dans l'épaisseur du plancher, et ayant des ouvertures dont la largeur augmente en proportion de leur éloignement du foyer.

4° Dans le plancher supérieur sont placées des gaines correspondantes et pareilles, destinées à donner issue à l'air intérieur. Le tirage en est activé par une cheminée d'appel, et au besoin par un tarare ou ventilateur; ce qui constitue la ventilation continue, dont il a été parlé.

5° La chambre à air chaud se convertit facilement en chambre à air froid; il suffit pour cela d'éteindre le feu, de le remplacer par des cuves remplies de glace ou d'eau fraîche, d'y étendre des linges mouillés, etc.

Voici maintenant les soins détaillés dans les divers âges des vers-à-soie :

Graine (œufs). Elle doit provenir de cocons de choix, de femelles n'ayant pondu que trente-six à quarante heures ; avoir été conservée à une température moyenne, entre dix et quinze degrés. Pour obtenir des vers égaux, marchant de pair, ce qui est toujours désirable, il faut employer de la graine pondue le même jour, les vers éclosent en même temps. Mettez un sixième en sus des besoins, afin d'avoir la facilité de rejeter les vers qui viennent trop tôt, et ceux qui demeurent en retard.

Incubation. Elle a lieu dans une étuve dont la chaleur est augmentée graduellement, de 14 à 24 degrés. Dès qu'elle arrive à 18, exposez dans l'étuve des vases remplis d'eau, pour entretenir une humidité favorable dans l'air.

1er *âge.* Placez les vers sur des linges usés et non sur du papier qui, fermant passage à l'air, entretiendrait l'humidité de la litière. Donnez douze repas en 24 heures, de feuille de mûrier sauvageon coupée menu. Donnez-en même quelques uns de plus aux derniers venus, afin de les égaliser. Cet âge dure cinq jours, y compris 36 heures de sommeil.

2e *âge.* Placez les vers de manière qu'ils ne couvrent que la moitié de la largeur de la claie. Ils doivent doubler dans cet âge. Mêmes soins, même nombre de repas. Durée trois jours.

3e *âge.* Ne donnez plus que huit repas. Vous

pouvez vous dispenser de couper la feuille, à moins qu'elle ne soit trop grosse. Les vers doublent encore dans cette *mue* ; il faut leur ménager de l'espace en conséquence. La grosseur du crottin commence à donner de la chaleur à la litière. Il devient nécessaire de faire un usage fréquent du filet pour déliter. Durée cinq jours.

4° *âge*. Sa durée est aussi de cinq jours. Continuez de donner les mêmes soins et huit repas.

5° *âge*. Réduisez les repas à six ; mais qu'ils soient plus copieux. Les vers parvenus à toute leur grosseur transpirent davantage ; délitez-les souvent, au moins tous les deux jours. Suivez avec attention l'*hygromètre*, instrument qui fait connaître la sécheresse et l'humidité de l'air. S'il atteint 80 degrés, activez la ventilation par tous les moyens. Si le *thermomètre* dépasse 22 degrés, rafraîchissez l'air avec le même soin, par la ventilation, les aspersions d'eau froide, etc. : la mauvaise odeur indique aussi le besoin de la ventilation. Les parfums que l'on est dans l'usage de brûler en pareil cas ne font que masquer le mal, sans le détruire.

La durée de cet âge est de six jours. Au troisième ou quatrième, les vers entrent en *frèse*, appétit dévorant qu'il serait dangereux de ne pas satisfaire.

Au 6e jour, ils commencent à devenir transparents, à *mûrir*. Ils errent, la tête haute, sur la feuille et sur les bords des claies, cherchant une place convenable pour fixer leurs cocons. Hâtez-vous de leur fournir les *rames*, bois secs et sans feuilles, auxquels ils les attachent.

Le travail du magnanier est terminé ; le ver achève le sien dans le tombeau qu'il se construit. Vingt-cinq jours (au lieu de quarante comme dans notre méthode) lui ont suffi pour parcourir toutes les périodes de sa vie. L'abréger ainsi, c'est diminuer d'autant les chances défavorables, sans rien ôter à la qualité des cocons, ainsi qu'on l'avait craint d'abord. Il n'y a pas non plus augmentation de dépense, car si le nombre des ouvriers est un peu plus considérable, la durée du travail est moindre.

Dans sa courte existence, ce précieux insecte est sujet à un grand nombre de maladies, la plupart contagieuses, toutes fort destructives.

Dès la naissance se présente la *maladie des*

rouges. C'est l'effet d'une trop grande chaleur, durant l'incubation. Il n'y a pas de remède. L'éleveur n'a rien de mieux à faire qu'à jeter ces vers malades, et à tâcher de s'en procurer d'autres.

On donne le nom de *passis*, à des vers grêles, allongés, sans force et sans vigueur, qui se montrent à la deuxième mue. Ils disparaissent dans la litière, de sorte que l'espace occupé diminue, au lieu d'augmenter. Cette maladie est attribuée à des vices de l'incubation, ou de la graine.

Ceux qui sont atteints moins violemment traînent leur chétive existence jusqu'à la quatrième mue, et forment ce qu'on appelle les *arpiants* ou *lusettes*.

La *jaunisse* et la *grasserie*, dont les noms indiquent assez la nature, paraissent ordinairement dans le 2e et 3e âge, et quelquefois aussi au 4e ; il arrive aussi qu'elles se déclarent inopinément, au moment de la montée, sur des vers qui avaient paru jusque là sains et robustes. L'humidité jointe à la chaleur en est la principale cause. Si l'on aperçoit quelques vers atteints de l'une ou l'autre de ces maladies, aux premières mues, c'est de bien mauvais augure; et l'on doit redoubler de vigilance pour arrêter le mal dans son origine. Des délitements fréquents, une ventilation active sont les meilleurs moyens à employer.

La *muscardine*, ou *maladie des blancs*, qui réduit les vers à l'apparence et à la dureté d'une concrétion plâtreuse, s'annonce aussi quelquefois dès le premier âge. Mais c'est surtout dans les derniers moments de l'existence des vers qu'elle se déclare. Une découverte récente l'attribue à la végétation d'une plante parasite du genre des champignons. Nous n'en sommes pas plus avancés sur les moyens de la combattre. Comme elle est contagieuse, on doit purifier avec soin tous les ustensiles déjà employés pour des vers qui en ont été atteints.

En résumé, ayez de bonne graine; faites-la éclore à l'étuve. Donnez à tout âge aux vers une espace suffisant, une feuille sèche et saine. Ne les laissez pas séjourner sur la litière; que la magnanerie soit toujours sèche, aérée, d'une chaleur égale, vous préviendrez toutes ces maladies, dont les principales causes sont l'humidité, la stagnation et le méphitisme de l'air.

§ II. *Abeilles*. Bien que le climat du nord soit plus favorable aux abeilles que celui du midi, on peut aussi en élever avec succès ; et ce n'est pas sans profit. Malgré l'abaissement du prix du sucre, le miel a conservé quelque valeur ; la cire est toujours recherchée.

Les ruches en osier recouvertes de mortier ou de terre glaise, en usage ici, retiennent trop l'humidité. Elles sont préférables en planches épaisses, et en deux parties, afin de pouvoir s'emparer, en juin, d'une portion de miel nouveau, qui est alors délicieux, clair et limpide comme le plus beau sirop.

Ces ruches seront placées au levant, en été, et non au midi et au grand soleil, comme on le fait généralement. Cette dernière exposition a de grands inconvénients ; la chaleur ramollit la cire, fait couler le miel, et force les abeilles à demeurer hors de la ruche, et dans l'inaction.

En hiver, l'exposition la plus convenable est le nord. Les abeilles y demeurent dans un engourdissement qui épargne les provisions. Au midi, le moindre rayon de soleil les met en mouvement ; ce qui occasionne une rapide consommation , qui amène bientôt la famine et la mort.

Dans notre climat , la trop grande multiplication est une des causes les plus fréquentes de la destruction des abeilles. Il n'est pas rare de voir des ruches donner en certaines années jusqu'à cinq ou six essaims , et les premiers venus parmi ceux-ci en fournir eux-mêmes d'autres , avant la fin de la saison. La mère s'épuise , les essaims sont faibles, et tout périt avant la fin de l'hiver.

Après le deuxième essaim , il faut rendre les autres à la mère , ou réunir par deux ou trois ensemble ceux qui naissent le même jour , ce qui est également facile.

Le nombre de ruches que peut comporter une étendue de terrain , est limité comme celui des troupeaux, par la nourriture qu'il leur fournit. Si on le dépasse , on s'expose à tout perdre.

Les mois de juillet, août et septembre sont , dans notre climat , le temps de la plus grande pénurie pour ces insectes. Il ne reste plus ni verdure , ni fleurs ; le soleil et la sécheresse ont tout brûlé. Le sarrasin semé en cette saison , donne des fleurs qui se succèdent long-temps et les font vivre jusqu'aux fleurs et aux fruits de l'automne.

On fait un crime aux propriétaires d'étouffer les abeilles pour s'emparer du fruit de leur travail. Dans le pays où leur multiplication est *exubérante*, c'est une nécessité, lorsqu'on est parvenu à réunir le nombre des ruches que le local comporte.

La teigne, leur ennemi le plus dangereux, est un ver qui naît dans la ruche, d'un œuf qu'un papillon de nuit y dépose. Les débris de cire qui couvrent le support de la ruche en annoncent la présence. Jusqu'à ce jour nous ne connaissons aucuns moyens de les en garantir. On ne peut que recommander de visiter souvent les ruches, de chercher l'insecte destructeur jusqu'à ce qu'on le trouve.

CINQUIÈME PARTIE.

Économie rurale.

CHAPITRE PREMIER.

Modes de culture et de gestion.

§ I.

On donne le nom de grande culture à celle qui s'exerce sur de vastes domaines, avec de grands capitaux, de grands moyens d'action, et qui a pour objet principal la production des céréales, et parfois l'éducation des animaux domestiques.

On entend par petite culture celle que l'on pratique dans les contrées où la propriété est morcelée et la population nombreuse, sur des fermes d'une petite étendue, des terrains de nature variée , qui exigent une pareille variation dans les cultures et les productions.

Le mode de culture n'est donc pas tout-à-fait au choix de l'agriculteur ; il est imposé par des circonstances de localité , d'habitude et de besoin.

§ II. Il en est de même du mode de gestion. Le propriétaire n'est pas toujours libre dans le choix d'exploiter lui-même en se chargeant de la direction , ou en la confiant à un maître-valet, ou bien d'affermer à prix fixe , à demi-fruit ou *mégerie*.

Chacun de ces modes de gérer a ses avantages et ses inconvénients. C'est au propriétaire à les peser , pour prendre le parti que les circonstances particulières de sa position lui rendront le plus convenable.

La direction d'une exploitation rurale est un fardeau que peu de personnes sont capables de porter convenablement.

En premier lieu , dans les pays de petite culture , si le propriétaire n'est pas agriculteur , disposé et habitué à mettre la main à l'œuvre , capable de bien apprécier la manière dont le travail se fait , le temps qu'il exige , s'il n'a pas une connaissance parfaite du sol , des meilleurs procédés agricoles , s'il ne peut résider constamment sur les lieux , qu'il renonce à gérer. Plusieurs en ont fait la ruineuse expérience. Heureux ceux qui ont trouvé à la fin de l'année que les récoltes couvraient les dépenses !

En second lieu, si le propriétaire ne fait pas une portion du travail par lui-même et sa famille , la main-d'œuvre, extrêmement renchérie et le mauvais vouloir des ouvriers, absorberont tout.

La direction confiée à un maître valet est sujette à tous ces inconvénients. En outre, cet employé toujours chèrement payé , s'il a quelques connaissances pratiques de plus, n'est jamais animé du même zèle , du même intérêt que le propriétaire.

Que chacun fasse son métier. Les profits d'une exploitation, dans la petite culture , se composent d'une infinité de petites économies, de temps et d'argent , d'une réunion de soins, de détails minutieux qu'on ne peut raisonnablement attendre et exiger que de celui qui y trouve son intérêt propre et direct, et non d'un ouvrier à la tâche ou à la journée.

C'est ce qui fait l'avantage qu'on trouve avec les fermiers.

Mais ici se présentent encore de nombreux inconvénients :

Trop souvent le fermier ne possède pas assez de capitaux, ne présente pas des garanties suffisantes.

De plus si l'on afferme à prix fixe, on perd toute action sur les améliorations. Le fermier paie tant que les récoltes sont abondantes. Si elles manquent ou diminuent, il crie misère, et il en prend prétexte pour ne plus payer.

Dans le bail à mégerie, on a à combattre le défaut d'activité mal excitée par la possession de la moitié seulement de la récolte. On a à craindre l'infidélité dans les partages. Mais on peut rendre obligatoires certaines améliorations profitables à tous, en contribuant à la dépense qu'elles exigent ; et ce qui n'est pas le moindre avantage pour un père de famille, la portion de fruits qui lui revient est déchargée de tous frais ; de sorte qu'en définitive ce mode de gestion est pour ceux qui peuvent exercer quelque surveillance, sinon le plus parfait, au moins celui qui présente le moins d'inconvénients.

Il en est autrement des vastes propriétés soumises à la grande culture. Il y a proportionnellement moins de détail et d'embarras. C'est une grande machine qui une fois qu'elle a reçu l'impulsion , marche , pour ainsi dire, toute seule. D'ailleurs qui peut mieux que le riche propriétaire posséder l'immensité d'avances et de capitaux qu'exigent de pareilles exploitations ? Tout comme il peut seul se livrer aux grandes entreprises de desséchements, de plantations , de défrichements, à des expériences utiles aux progrès de la science , qui compromettraient la fortune d'un petit propriétaire , les moyens d'existence du fermier. Si des motifs particuliers ne le tiennent pas éloigné de ses propriétés , il ne peut occuper sa vie et ses loisirs , d'une manière plus agréable , plus utile et plus honorable , qu'à l'agriculture. Il donnera des leçons et des exemples de perfectionnement à la contrée qu'il habite , des moyens d'existence à une foule d'ouvriers qui l'entoureront, il exercera le plus noble des patronages.

CHAPITRE II.

Capitaux et avances nécessaires ; emploi du temps.

Celui qui veut entreprendre une exploitation rurale, qu'il soit propriétaire ou fermier, doit se pourvoir de *capitaux vifs et morts*, comme on les nomme ici, savoir d'outils et d'instruments de labourage et de transport, de bêtes de travail et de rente, de semences, graines, fourrages, etc. Il doit avoir aussi les moyens pécuniaires suffisants pour entretenir sa famille, nourrir et payer les ouvriers, faire tous les travaux, fournir à toutes les dépenses nécessaires, jusqu'à la première récolte, avec aisance et de manière à pourvoir aux accidents imprévus.

Il faut que l'homme soit plus fort que la terre.

Il calculera le nombre de ses bêtes de labour sur l'étendue de ses terres, le plus ou moins de difficulté dans les cultures. On compte ordinairement un couple de mules pour environ vingt hectares, dont trois en oliviers et deux en vigne ; il en faut un en sus, ou tout au moins une bourrique , afin de n'être pas obligé d'arrêter une charrue, chaque fois que l'on aura un court voyage ou un petit transport à faire.

S'il est obligé d'acheter des instruments aratoires , il choisira de préférence ceux qui sont perfectionnés ; le prix n'en est pas plus élevé , et le travail bien meilleur.

Il proportionnera son troupeau à l'étendue de ses pâturages , à la quantité de fourrages qu'il pourra lui sacrifier.

Enfin il se pourvoira d'un nombre de domestiques et d'ouvriers à temps fixe , ou à journée , suffisant pour que chaque chose se fasse en temps convenable et sans retard. En agriculture , un seul travail ajourné en fait ajourner plusieurs autres.

Enfin il réglera l'emploi du temps de la manière la plus sévère , ne perdant jamais de vue que le temps est la seule chose qui ait vraiment du prix , la seule qui ne s'achète pas , la seule dont la perte ne se répare jamais.

CHAPITRE III.

Assolement.

La théorie et la pratique s'accordent à faire connaître que chaque plante tire de la terre des substances particulières propres à sa nourriture, qu'elle les épuise, que bientôt elle ne peut plus vivre à la même place, tandis qu'une autre vient y puiser à son tour la nourriture restée intacte qui lui convient.

On dit aussi que les plantes rejettent par l'extremité de leurs racines des matières excrémentielles nuisibles à toutes celles de la même espèce.

Il ne faut donc pas s'étonner si les récoltes d'une plante semée plusieurs fois de suite à la même place vont toujours en diminuant, et si elle refuse enfin tout-à-fait d'y croître, à moins qu'on ne fasse des sacrifices immenses d'engrais et de travail.

Il a été reconnu encore que la plante qui

succède à une autre réussit d'autant mieux, qu'il y a plus de différence entre elles.

C'est cette succession utile et nécessaire de plantes diverses qui constitue la *science des assolements*.

Elle a pour but d'obtenir de la terre le plus de produit, avec le moins de frais, et sans l'épuiser.

Toutes les plantes cultivées peuvent être partagées en deux classes. L'une se compose des plantes *épuisantes* qui tirent de la terre plus qu'elles ne lui rendent, l'autre des plantes *fertilisantes* ou *améliorantes*, qui lui rendent plus qu'elles n'en tirent.

Dans la première sont les céréales ou grains de toute espèce, les grosses racines fourragères, et quelques plantes industrielles, la garance, le chardon, etc.

La seconde ne comprend que les prairies artificielles, et les plantes que l'on enfouit en vert, pour engrais.

Il est à remarquer que la dernière période de la vie des plantes pendant laquelle la graine se forme est celle qui appauvrit le plus la terre. Les céréales, lorsqu'on les coupe avant cette époque, les laissent encore en bon état.

L'assolement le plus généralement suivi dans le midi consiste dans une année de blé et une de jachère, entremêlées, dans quelques parties seulement, de garance et de chardons ou autres récoltes épuisantes, et de trop peu de prairies artificielles.

Le vice de ce système est de faire reparaître trop souvent les plantes épuisantes, et de ne pas produire assez de fourrages. Cependant ils sont la base de toute bonne agriculture. On le sait :

Sans fourrages point de bestiaux , sans bestiaux point de fumier, sans fumier point de récolte.

Dans le choix de notre assolement , nous devons avoir en vue ,

1° De répartir le travail des hommes et des charrues , entre les diverses saisons , de manière que chaque chose se fasse en son temps, à loisir et sans encombre ;

2° De ne jamais laisser la terre improductive , à moins qu'elle n'ait besoin de quelque culture ou nettoyement extraordinaires ;

3° De mettre une juste proportion entre les prairies artificielles et les autres récol-

14

tes ; (en général cette proportion est d'environ un cinquième des premières) ;

4° De ne faire reparaître une récolte sur la terre , qu'après un laps de temps au moins égal à celui pendant lequel elle l'a occupée ;

5° D'entremêler les récoltes des plantes épuisantes et fertilisantes , de manière que celles-ci contrebalancent le mauvais effet des autres ;

6° De fournir autant que possible à tous les besoins de l'exploitation , en grains, fourrages , pailles , etc. ;

7° Enfin de s'attacher principalement à celles des récoltes industrielles qui conviennent le mieux au sol et au climat , qui donnent le produit net le plus avantageux.

Voilà les grands principes ; voici l'application.

L'assolement suivant adopté par quelques agronomes instruits et expérimentés paraît remplir toutes les conditions ci-dessus :

1ere année. Blé semé avec luzerne, ou trèfle, ou sainfoin.

2e *Idem*. Continuation de la prairie artificielle.

3e *Idem*. *Idem*. *Idem*.

4ᵉ   *Idem.*   Avoine sur une partie, racines fourragères et légumes sur l'autre.

5ᵉ   *Idem.*   Chardons et garance fumée.

6ᵉ   *Idem.*   *Idem.*

7ᵉ   *Idem.*   Prairies artificielles annuelles, fumées, sarrasin pour enfouir, grains grossiers.

8ᵉ   *Idem.*   Retour du blé avec luzerne, trèfle ou sainfoin.

De cette manière une ferme d'une charrue composée de 20 hectares, laissant à part les deux hectares de vigne et trois d'oliviers, aura chaque année :

3 hectares en blé fumé.

2 en avoine.

3 en prairie artificielle durable.

1 en prairie artificielle annuelle.

1 en racines fourragères, pommes de terre, betteraves.

2 en chardons semés dans l'avoine en automne.

1 1/2 en garance fumée, semée au printemps.

0 1/2 en sarrasin pour enfouir.

1 en légumes, grains grossiers pour volailles, etc.

Cet assolement n'est pas donné comme un modèle à suivre partout, sans restriction, mais comme un exemple susceptible de nombreuses modifications.

Les agriculteurs qui tiennent aux anciennes méthodes, trouveront un grand défaut à ce système d'assolement.. Ils lui reprocheront la suppression des jachères, qu'il amène nécessairement. Leurs troupeaux, diront-ils, ne peuvent se passer des jachères en hiver; on ne saura comment les nourrir où les mener paître durant tout l'hiver. Il est facile de leur répondre victorieusement, qu'au lieu de sept hectares de maigres jachères, où paraissaient à peine quelques rares plantes, souvent mauvaises, le troupeau aura trois hectares de regains de prairies artificielles qui lui donneront dix fois plus de pâture; et le fénil sera abondamment garni de fourrages, sur lesquels il aura sa part.

On ne peut donner sur cette matière que des règles générales. L'intelligence de chaque cultivateur doit en faire l'application la plus convenable à la nature de son sol, de ses besoins, de ses débouchés, avec les modifications que les circonstances exigent.

CHAPITRE IV.

Comptabilité.

L'exploitation d'une ferme est une industrie qui embrasse une infinité de détails, dans lesquels celui qui la dirige ne saurait se reconnaître, s'il ne tenait des écritures en règle. Il faut bien d'ailleurs qu'il puisse se rendre compte du produit net de chaque récolte, afin d'abandonner celles qui le mettraient en perte, et de donner de l'extension à celles qui apportent le plus de profit.

A cet effet, il ouvrira un compte particulier à chaque pièce de terre, qu'il désignera par un nom ou un numéro, avec sa contenance. Il y inscrira jour par jour, la dépense consistant en journées d'ouvriers et d'attelages, en engrais, en semences, auxquels il donnera un prix, dont il débitera la pièce. En regard il portera le produit de la récolte, en quantité et en argent, dont il la créditera.

Il réunira ensuite dans un même compte

les récoltes de chaque nature, grains, fourrages, pailles, vin, huile, produits indus-
triels, dont il chargera le grenier, le fénil,
le magasin, et qu'il déchargera à mesure de
la sortie, pour consommation ou par vente.

Il tiendra pareillement un compte pour
chaque espèce de bétail, où il consignera autant que possible le signalement, l'époque de
naissance ou d'achat et la valeur de chaque
bête. Il y inscrira les détails des frais de garde, de nourriture, de maladie, mis en ba-
lance avec le produit en travail, par croît,
ou par vente.

Il pourra ainsi à chaque instant et d'un
coup-d'œil juger du rendement de chaque
récolte, de chaque bétail, connaître ses
ressources, ses approvisionnements.

Chaque domestique, ouvrier à temps ou à
journée, aura aussi son compte particulier,
énonçant la date de son entrée au service,
les gages ou salaires convenus, les à-comptes
donnés en argent ou en denrées, les journées
perdues pour cause de maladie ou autrement.

Le charron, le maréchal, le bourrelier, le
forgeron, auront de même leurs comptes,
ainsi que les autres fournisseurs.

Il est presque inutile de dire que les frais
d'entretien de la famille seront l'objet d'une
comptabilité particulière; à la suite trouveront
place les frais d'entretien des bâtiments.

Ces divers comptes composeront autant de
livres-journaux. Il en réunira le résultat en re-
cette et en dépense, dans un livre général
ou récapitulatif, qui lui fera connaître à la
fin de chaque année les produits partiels et
généraux de son exploitation, sa position fi-
nancière, ce qu'il doit mettre à part pour
les dépenses imprévues, et enfin ce qu'il
pourra consacrer à des augmentations de capitaux, ou à des améliorations.

Il en retirera un autre avantage non moins
important : rien ne donne l'habitude de l'ordre
et de l'économie comme ce contrôle journalier, cette nécessité de se rendre compte à
soi-même ; et qu'on ne l'oublie jamais, il n'y a
que l'économie la plus sévère qui puisse faire
prospérer une exploitation rurale ; elle seule
peut procurer l'aisance, et conduire à la
fortune dans tous les états.

FIN.

TABLE DES MATIÈRES.